写给老师的
中国建筑史

唐景行 编著

浙江人民美术出版社

前　言

中国位于亚洲东南部，土地辽阔，历史悠久，建筑遗产极为丰富。数千年来，随着社会发展和建筑实践经验的不断积累，中国建筑在城镇规划、平面布局、建筑类型、艺术处理以及构造、装修、家居、色彩等方面，建立了一整套具有民族特色的营造方法，从而形成东方建筑的一大体系，在世界建筑史中占有辉煌灿烂的一页。如北京的故宫、天坛，山西应县的木塔，江南的园林等，它们既是中华民族的建筑遗产，也是世界建筑艺术宝库的珍品。

众所周知，建筑具有实用和审美的双重属性。在中国古代，建筑既是一种具有实用功能的场所环境，又是一种赏心悦目的视觉艺术，是古人养目、养心、养身、遂生的具体呈现。可以说，中国古代建筑是中国传统文化的重要组成部分，更是中国传统艺术的杰出代表之一。

本书力图简明扼要地介绍中国古代建筑的特点、类型和历史发展脉络，以及最具代表性的中国古代建筑案例。希望这本小书对大家理解中国古代建筑有所帮助。

目　录

第一章

中国古代建筑的特点和类型

中国古代的建筑活动，就已发现的遗址而言，至少可以上溯到七千年以前。尽管地理、气候、民族等差异使各地域建筑有很多不同之处，但经过数千年的创造、融合，逐渐形成了以木构架房屋和院落式布局为主的独特建筑体系。这种建筑体系一直沿用到近现代，它曾对朝鲜、日本和东南亚地区产生过重要的影响。

中国古代建筑的历史，可以根据发展过程划分为几个阶段，各阶段又存在地域和民族差异。但是透过大量异彩纷呈、千变万化的建筑遗物，我们仍然可以清楚地看出那些逐步形成、日趋显现的共同特征，以及因建筑性质、类型的不同而产生的多种多样的建筑艺术风貌。

中国古代建筑的基本特点

经过漫长的发展演变，中国传统建筑在外观、结构、色彩和布局设计诸方面，都形成了自己鲜明的特色。它以其独特的设计和建造体系，在世界建筑史上独树一帜。

外观——屋顶、屋身和台基的组合

在外观设计上，中国古代建筑由屋顶、屋身和台基组成。屋顶的特征最明显，主要有悬山、硬山、卷棚、攒尖、歇山、庑殿等多种类型。设计师充分运用木构的特点，创造了屋顶举折和屋面起翘、出翘等形式，形成了鸟翼伸展般的檐角和屋顶各部分柔和优美的曲线。屋身部分是建筑的主体，正面一般很少做墙壁，多为花格木门窗。台基除了普通的石台基外，重要建筑多用有雕刻装饰的须弥座，并配以栏杆、台阶，有的做到两三层，使建筑物愈显雄伟、壮观。

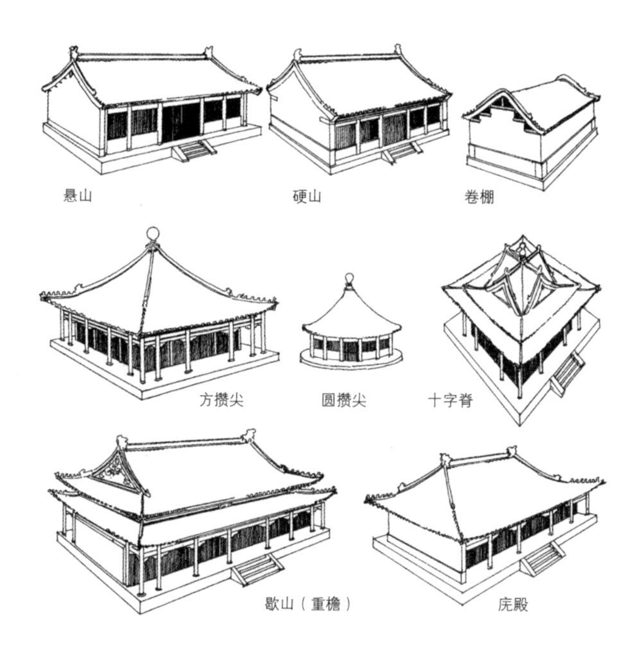

中国建筑中常见的主要屋顶形式

屋顶的基本形制，是根据汉代传统建筑的等级制演变而成的。庑殿顶为最高等级，如北京故宫的太和殿；其次为歇山顶，多见于宫殿及较重要的佛寺建筑；悬山顶用于官员的府第；硬山顶则多见于一般民居建筑，后来部分民间建筑也采用悬山顶的形式。还有卷棚顶及攒尖顶，主要运用于亭、台、楼、阁等园林点缀性建筑物上。

硬山顶由一条正脊和四条垂脊构成前后两个坡面。硬山顶最大的特点是与山墙相齐，檩头不突出于山墙外，故屋檐在两侧山墙都不挑出。

悬山顶外形与硬山顶相似，同样由一条正脊和四条垂脊构成前后两个坡面，区别是悬山顶两侧屋檐挑出山墙，故名悬山顶或挑山顶。由于檩头伸出山墙外，所以部分建筑物会加设博风板保护。

庑殿顶的四角垂脊象征四方，正脊象征中央，五条屋脊代表东、南、西、北、中这五个方位，寓意“普天之下莫非王土，率土之滨莫非王臣，天下万物汇聚中央”。庑殿顶是四坡顶，屋顶四面都向下斜，四面屋顶都伸出墙以外。除了正脊外，还有四条垂脊，一共五条脊，所以亦称“五脊殿”，多见于宫殿。

歇山顶是硬山顶或悬山顶和庑殿顶相结合的形式。既有硬山顶或悬山顶的山尖，下面又向四周伸出屋檐，成为四面坡。这种屋顶除了正脊外还有四条垂脊及四条戗脊，共有九条脊，又称“九脊殿”。

攒尖顶没有正脊，攒尖顶分圆形、四面坡、六角、八角等。但无论有几个坡面，最后都聚到顶部，在顶部设置宝顶装饰。四角攒尖，八角攒尖，还有四面八方的意思，六角攒尖象征上、下、前、后、左、右六个方位，寓意六合。攒尖顶和歇山顶一样，亦有单檐和重檐两种，常见于亭、榭、阁和塔等建筑。

卷棚顶，又称“元宝顶”，屋顶前后两坡面相接处没有明显外露正脊，形成一弧形曲面。卷棚顶可视为硬山顶、悬山顶、歇山顶的变形，分为硬山卷棚、悬山卷棚、歇山卷棚，由于线条优美，故多用于园林建筑。

结构——木构架

在结构设计上，中国古代建筑以木构架为主要结构方式，常用的有抬梁式和穿斗式两种。它们以立柱和横梁组成骨架，建筑的全部重量都通过柱子传到地下，由于墙体不承重，故能做到“墙倒屋不倒”。

抬梁式又称叠梁式，是中国古代建筑中最为普遍的木构架

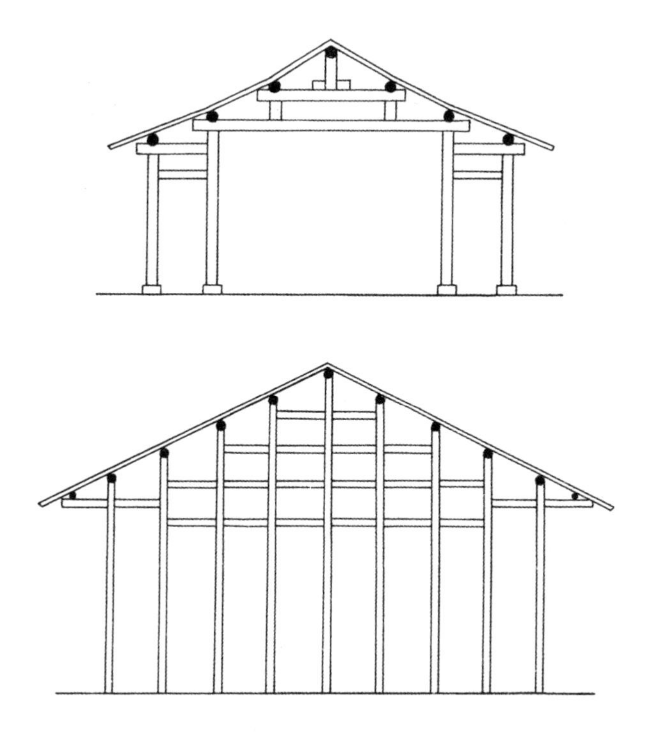

中国建筑中常用的木架结构：抬梁式和穿斗式

形式。它的具体构成，是在柱子上放梁，梁上放短柱，短柱上放梁，层层叠落直至屋脊，各个梁头上再架檩条以承托屋椽。抬梁式结构复杂，要求加工细致，但结实牢固，经久耐用，且内部有较大的使用空间，同时还可做出美观的造型、宏伟的气势。

穿斗式构架，是由一些细而密的柱子构成的。柱子与柱子之间用木串接，使之连成一个整体，每根柱子上顶着一根檩条，也就是说，柱子直接承受檩的重量，不用架空的抬梁。穿斗式构架的优点是能用较细小的木料建造体形较大的房屋，结构也非常牢固。但它的缺点是屋内柱、枋太多，不能像抬梁式构架一样形成连通的大空间。

抬梁式和穿斗式各有优缺点，于是实际建造中出现了将两者混合的做法，即两头靠山墙处用穿斗式，而中间使用抬梁式，这样既增加了室内使用空间，又不必全部使用大型木料。

在建筑的室内空间组织上，可在柱与柱之间砌墙、装门窗，一般四个柱子构成一间，一栋房子由几个间组成。也可用各种形式的罩、屏风、槅扇等轻便隔断物，隔成所需的空间，装拆方便，可以移动，非常灵活。

中国古代建筑中还有一种特殊的结构部件，那就是斗栱。斗栱位于柱子承接屋顶的部分，由若干方木与横木垒叠而成，用以支撑伸出的屋檐，并将其重量转移到柱子上。斗栱是由水平放置的斗、升和矩形的栱及斜放的昂组成的。斗是斗栱中承托栱昂的方形木块，因状如旧时量米的斗而得名。栱是矩形断面的枋木，外形略似弓。栱的两端、介于上下两层栱之间的承托上层枋或栱的斗形木块，叫做升，实际上是一种小斗。昂位于斗栱前后中

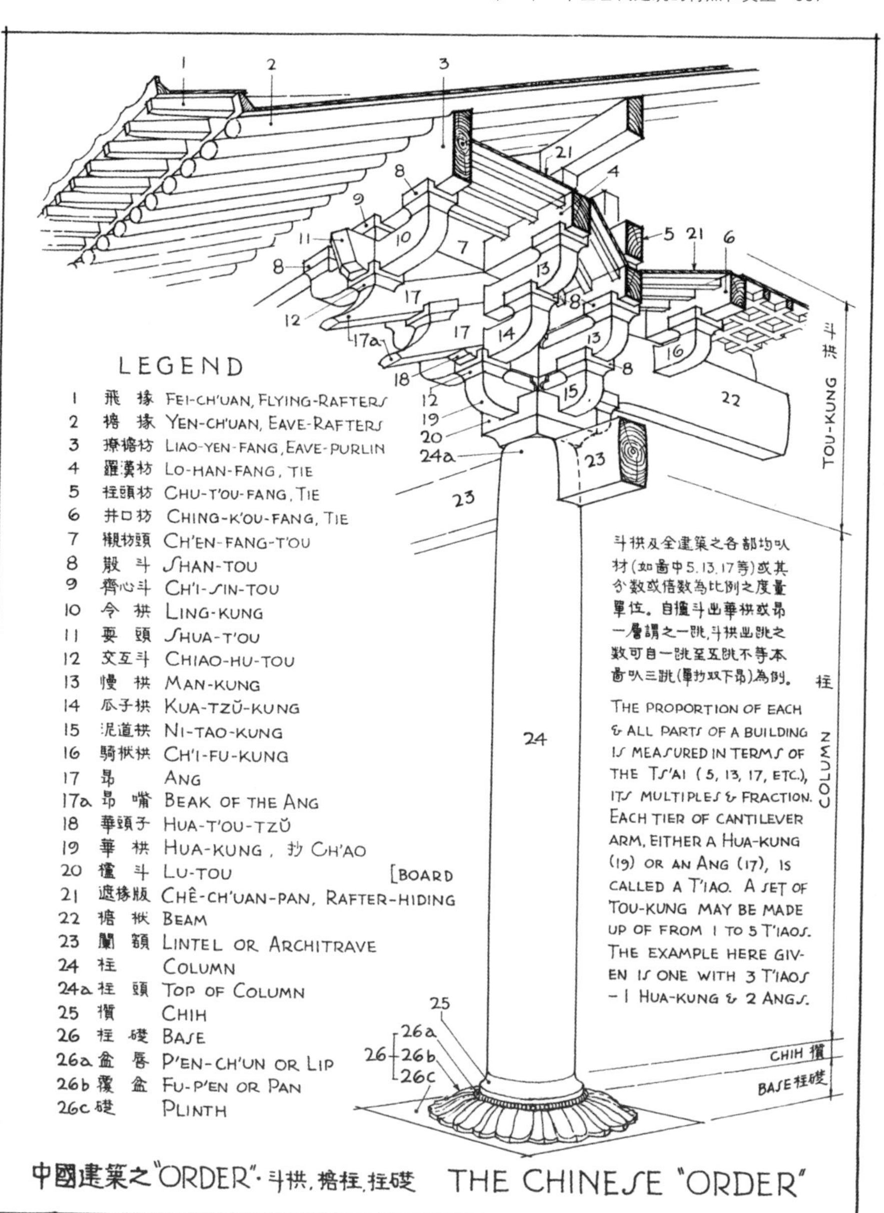

斗栱组合示意图（梁思成绘制）

线，且向前后纵向伸出贯通斗栱的里外挑，前端有尖斜向下，尾则向上伸至屋内。斗栱是中国木构架建筑中特有的构建，是屋顶与屋身立面的过渡。斗栱在早期时，主要是作为木构架的一个承重构建，并有一定的装饰作用。后来逐渐转变，至明清时期基本成了纯粹的装饰件。斗栱还是古代社会森严等级制度的象征和重要建筑的尺度衡量标准，多用在较高级的官式建筑和皇家建筑中。

布局——院落式布局

在布局设计上，中国古代建筑有一种简明的组织规律，就是以“间”为单位构成单座建筑，再以单座建筑组成“庭院”，进而以庭院为单位，组成各种形式的组合。

古代建筑，小至一个院的住宅，大至宫殿、寺庙，都是由院落组成的。庭院以院子为中心，四周建筑物面向院子，并在这一方向设置门窗，北京四合院就是典型的例子。由若干庭院组成的建筑群，一般都有显著的中轴线，在中轴线上布置主要建筑，两侧次要建筑呈对称布置，以廊子联接各建筑个体，并以围墙围绕四周。通常在建筑组群的前部还有门、阙、牌坊、照壁等附属建筑，它们构成建筑组群的序幕，以导向和衬托主体建筑。北京故宫、明十三陵等都是采用这种布局设计的典范。

以间为房屋的基本单位，几间并联成一座房屋，几座房屋围成矩形院落，若干院落并联成一条巷，若干巷前后排列组成小街区，若干小街区组成一个矩形的坊或大街区，若干坊或街区纵横

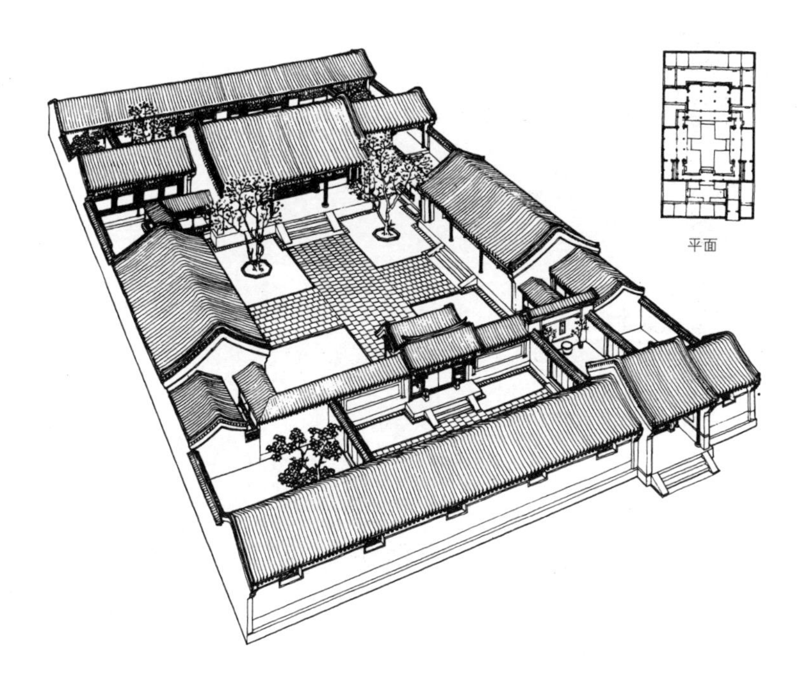

北京典型四合院住宅鸟瞰图

成行排列，其间形成方格网状街道，最后形成以宫殿、衙署或钟鼓楼等公共建筑为中心的城市，这是中国古代城市布局的基本特点。

装饰——雕梁画栋

在装饰和色彩上，中国古代建筑也别具一格。装饰主要集中

故宫一景（王琎 摄）

古建筑装饰

在梁枋、斗栱和檩椽部分，综合运用了各种工艺及雕刻、绘画、书法等艺术加工手法。所谓“雕梁画栋”，就是形容这一装饰特色。还有如额枋上的牌匾、柱上的楹联、门窗上的棂格等，都是富有民族特色的建筑装饰形式。

在色彩设计上，运用对比强烈的原色，也是中国古代建筑显著的特征之一。中国古代建筑的色彩，以富丽堂皇、五彩缤纷著称，特别是一些宫殿和等级较高的官式建筑，用色大胆而又等级分明。比如，北京故宫，就使用了汉白玉的石基座、红色的墙面和黄色琉璃瓦的屋顶，与蓝天、绿树、灰色的地面相互映照，稳重、壮丽，色彩鲜明。更有屋檐下青、绿色为主，穿插着金、红等色的彩画装饰，显得精美非凡。

在木构架上使用彩画、油漆等装饰，不仅美观，还有保护木料的作用。但具体使用什么油漆与彩画，却有严格的等级要求。

屋顶的吻兽也是中国古代建筑特有的装饰。“吻”是屋顶正脊两端的装饰构建，在古代殿堂式建筑上十分常见，它在不同的朝代有不同的称呼和样式。吻又称“鸱吻”，形似鱼尾，张牙舞爪，似乎要吞下整个屋脊，故又名“吞脊兽”。传说这种吻兽是海龙王的九子之一，能激浪成雨，把它放在屋脊上可以当作灭火消灾的“镇物”；但又怕它吞下整条屋脊，所以用宝剑将它牢牢扎住。

在戗脊或垂脊的脊端还有一些神兽，形态很特别。它们的排列和使用数量很讲究。在宫殿上所用神兽的数量，其最高等级是十个，外加一个跨凤仙人。按顺序分别是仙人、龙、凤、狮子、天马、海马、狻猊、押鱼、獬豸、斗牛、行什。这些神兽都是传说中的动物，龙生于水行于天，又是天子的象征；凤是百鸟之王，美丽非凡。龙凤既有王与后的象征意义，又喻吉祥如意。天马、海马一个能飞天，一个可入海，一个腾云驾雾，一个乘风破浪，也是吉祥的骏兽。狮子和狻猊勇猛、威武，可镇妖辟邪。斗牛、押鱼有鳞、有角、有脚，能飞又能游泳，可兴云降雨、灭火保平安等，都有美好的寓意。

故宫太和殿正脊大吻

故宫屋脊吻兽（王珽 摄）

中国传统建筑的主要类型

中国古代建筑在长期发展过程中，为满足不同使用需要，逐渐形成了若干不同的类型，大致可分为城市与宫殿、坛庙与陵墓、寺观与佛塔、宅院与民居，以及亭台楼阁、牌坊、桥梁、园林等几大类。

壮丽巍峨——城市与宫殿

中国最早的都城规划原则载于《考工记·匠人》，它对王和不同等级诸侯城的大小、城墙高度、道路宽度等都作出了不同的规定。其中王之都城规定为方形，每面开三城门，城内王宫居中，宫前左右建宗庙和社稷，宫后建市，形成王城的中轴线。这些规定对以后两千多年中国都城建设有很大的影响。

古代城市为了防御，一般都建有城墙和城壕，辟城门以供出入。城门墩上建城楼，兼有防御和观瞻作用。城门外建瓮墙和护

北宋・张择端《清明上河图》中的城楼

门墙，后发展为半圆形的瓮城，其正面有多层射箭孔的箭楼。砖砌的多层箭楼以坚厚胜，木构的城楼以高大玲珑胜，两者互相对比衬托，使人产生固若金汤的印象，如西安西门的城楼和箭楼。古代用钟鼓报时，钟楼、鼓楼往往建在巨大的阁楼上，巍然高耸，成为城市的中心建筑，它们是中国古城的特色之一。古代皇城的四周有角楼，作为瞭望和警卫之用。现存北京故宫的角楼既有宫殿建筑的庄重华贵，又有生动活泼的外观，堪称中国古代建筑的杰作。

在中国传统城市中，山西太原以南的平遥古城是现存最完整的古代县城，距今已有2700年以上的历史，较为完好地保留着明清时期县城的基本面貌。

北京故宫角楼（王珽　摄）

宫殿是皇帝居住并进行统治的地方，是国家的权力中心，国家政权和家族皇权的象征。对于宫殿建筑来说，除满足上述使用要求外，还要以其建筑艺术手段表现皇朝的巩固和皇帝的无上权威。汉代萧何说宫殿“非壮丽无以重威”，唐代骆宾王诗“不睹皇居壮，安知天子尊”，就很清楚地说明了这一要求。

中国历代王朝都建了大量宫殿，如汉之未央宫、洛阳宫，唐之太极宫、大明宫，元之大都大内，明清之北京紫禁城，虽时代不同，布局和建筑风格差异颇大，但内容都包括居住和行政两部分，其形象重在彰显皇帝的尊贵。西汉与隋唐相隔七百年，但汉之未央宫、隋唐之洛阳宫、唐之大明宫等都把宫中最重要的主殿

平遥古城

置于全宫城的几何中心，以表示皇帝是国家的中心。

中国历代宫殿中只有北京紫禁城完好地保存下来，使我们得以目睹传统宫殿样式在建筑布局和艺术处理上所使用的手法。紫禁城宫殿建筑是中国现存最大、最完整的古建筑群，总面积达72万多平方米，有大小院落90多座，被称为“殿宇之海”，气魄宏伟，极为壮观。

肃穆庄严——坛庙与陵墓

坛指皇帝祭天地日月、五岳、四渎、社稷、先农的祭坛，庙指皇帝祭祀祖先的太庙。

古代每个王朝都自称“受命于天”，皇帝又称“天子”。继承统治的皇帝，其权力得自父、祖。所以“敬天”“法祖”是皇帝执政的合法依据。坛和庙就是供皇帝表现自己“敬天”“法祖”的场所，是每个王朝不可缺少的建筑。

坛有天坛、地坛、日坛、月坛、先农坛、社稷坛等，都是高出地面的露天祭台，外有壝墙和极少量附属建筑，四周密植柏林，其来源是古代的林中空地祭祀。以明清北京天坛为例，它是皇帝祭天之所，对天坛的设计要求就是要以建筑艺术手法使祭天的皇帝感到“祭神如神在”。

民间的宗祠建筑近于住宅而规格稍高，除祭祖外，还可聚会同族，敦睦族谊。必要时，族长还可在此实行族权。家庙、宗祠都守“至敬无高”之意，力求质朴、庄重，造成追慕先贤的气氛。

祭祀建筑中还有五岳庙、孔庙等，都属国家级祠祭建筑。现

北京故宫太和殿雪景（王琎 摄）

北京天坛

存泰安岱庙、登封中岳庙、华阴西岳庙、曲阜孔庙等，规模大者多始于北宋，按国家规定兴建。

中国古代儒家极重孝道，视其为立身之本，又有视死如视生的观念，所以陵墓中建筑的比重较大，逐渐成为建筑的一个重要方面，较大的墓葬大多有坟丘、祭堂、墓墙、神道几大部分。古人营建陵墓并不能全依其财力任意兴建，而要受其社会地位的限制。臣下至庶民建墓是作为追慕先人的纪念地，而帝王陵墓更重在赞美死者之“神功圣德”，显示家族王权之渊源久远，昌盛巩固，这是陵墓建筑在艺术上的追求目标。

墓葬都在山野，往往以天然地形或山丘来衬托。一般来说，墓地总选在无积水的高地上，背后及左右有山丘环抱者尤为理想。帝王陵墓地域广大，则往往以山丘来象征其不朽功业。古代墓前建阙，所以主峰雄伟端正、前方有小山相对如阙的，是建帝陵的最佳天然地形。唐高宗乾陵和明十三陵都选择这种地形。

庄重虔敬——寺观与佛塔

中国古代宗教建筑主要有佛寺、道观、清真寺等，以佛教寺庙数量最多。宗教建筑除便于进行宗教活动外，还要以建筑艺术造成特定的环境气氛，以吸引信徒，增强其信仰。

河北昌陵神道碑亭及陵前广场

佛教在汉末传入中国，最初以供舍利的佛塔为崇拜对象。精深的佛教义理也和中国魏晋时盛行的玄学互相补充，得到上层士族的尊信。但佛教作为外来宗教，要在儒学盛行的中国大发展，必须将自身中国化和世俗化，以中国人易懂的说法和乐于接受的形式传播。为把观念中的佛和佛国乐土化为可见形象，造佛像、建佛寺的活动大盛。佛像、佛寺由梵相、西域式逐渐变为汉相、汉式。佛寺也由以塔为中心逐渐变成以更宜于供佛像的佛殿为中心。塔遂由梵式变为中国传统楼阁式，殿则建成中国殿堂式。佛寺建筑一般采取院落式布局，宗教活动以中轴线上主院落为中心，左右有若干小院，主要为佛殿、佛塔、讲堂、经藏、钟楼和专供奉某佛、菩萨的小院或殿堂。如今，唐代佛寺仅残存零星殿宇，全貌只能从壁画石刻中见到。宋代佛寺只有河北正定隆兴寺还算完整，但也是宋金两代陆续建成。当然，我们还能从传世的宋画中窥见宋代寺院的风貌。只有明清佛寺尚有几座完整保存至今，如北京的智化寺、卧佛寺、碧云寺等。此外，还有一些环境险要的寺庙，如始建于北魏，明清两代修缮的山西悬空寺。

道教创自东汉后期，是中国土生土长的宗教，奉老子为教主，唐宋时代大盛。道教建筑称观或宫，也是院落式布局。主院落在中轴线上，主殿供天尊、老君等，其他小院及厨库居室在两侧及后部。对佛道二教，历代皇帝虽时有轩轾，却基本上并行不废，所以寺与观的布置颇多相似之处。但道教有打醮等仪式，有时需露天活动，殿前多有大的月台。现存最重要的道观为山西芮城永乐宫和北京东岳庙，都是元代官府创建或支持兴建的，殿前都有月台。

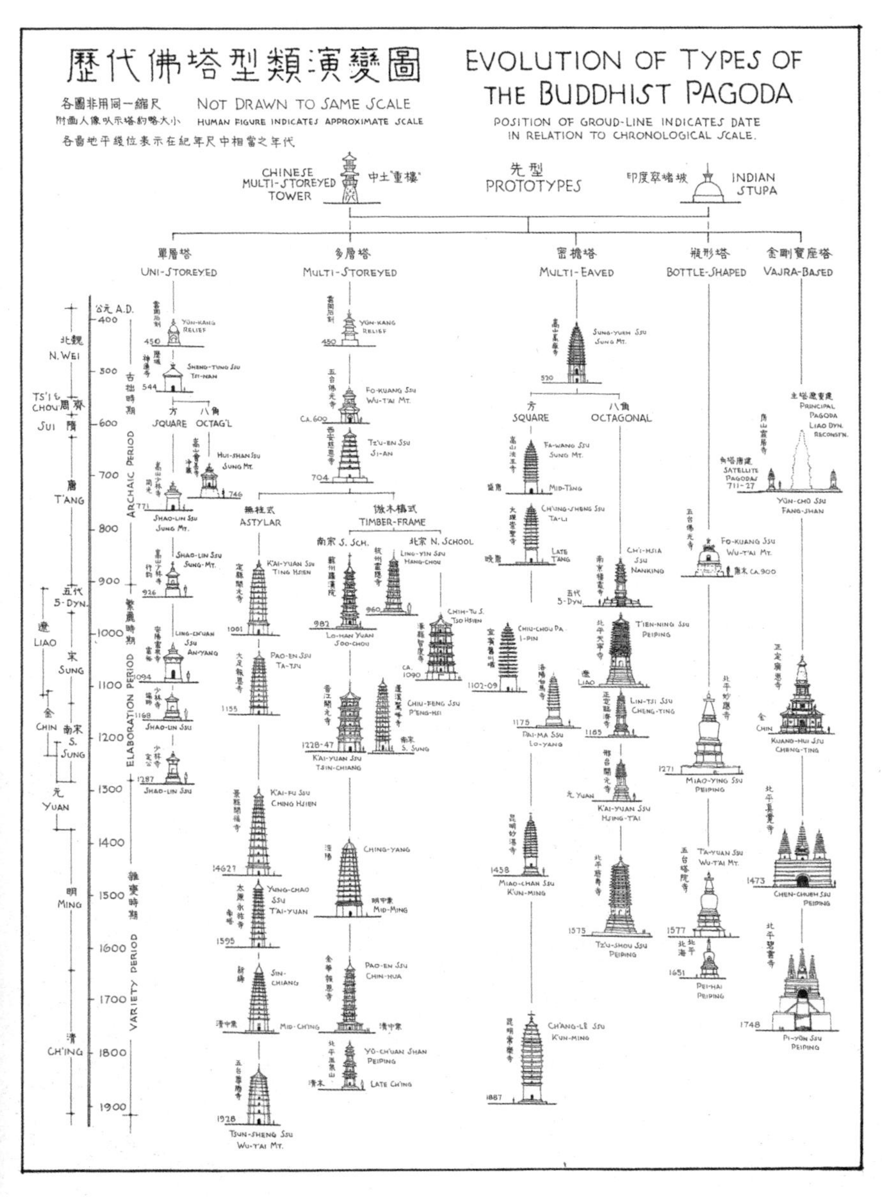

历代佛塔型类演变图（梁思成绘制）

北宋·李成《晴峦萧寺图》(局部)

山西悬空寺

清真寺，亦称伊斯兰礼拜寺。伊斯兰教自唐朝传入中国后，逐渐发展。现存南方始建于宋元的清真寺如泉州清净寺、广州怀圣寺、杭州凤凰寺，以及新疆地区的明清清真寺等，都保持了较多的中亚和阿拉伯形式。但在内地，入明以后，即多采取中国传统的木构架殿宇和院落式布局。清真寺中建有塔楼，名邦克楼，为召唤教徒前来礼拜之处。这些清真寺既采用院落式布局，又保持了阿拉伯建筑风格，建筑装饰用植物和几何图案，间以阿拉伯艺术字体，因而兼有汉族和伊斯兰艺术之长，形成了独特的艺术风貌。

新疆吐鲁番苏公塔礼拜寺

道法自然——宅院与民居

中国地域辽阔，民族众多，气候、地形和各民族的传统文化、风俗习惯不同，因而住宅形式各异，是传统建筑极具特色的组成部分。

分布最广的汉族住宅自古以来为院落式布局，以向内的房屋围成封闭的院落，仅大门对外，比较适合古代以家庭为单位，重视尊卑长幼、男女有别的礼法要求，并能保持安静的居住环境。

同为院落式住宅，由于南北、东西气候差异，又有很大的不同。北方住宅庭院宽阔，如北京四合院中，四面房屋都隔开一定距离，用游廊相接，庭院作横长方形，以便冬季多纳阳光；南方住宅则正房、厢房密接，屋顶相连，在庭院上方相聚如井口，这种住宅俗称“四水归堂”，对其庭院则形象地称之为“天井”。南方住宅重在防晒通风，故厅多为敞厅，在空间感上与天井连为一体，只有居室设门窗，和北方住宅迥然不同。在室内装修上，有各种虚、实的分隔做法，以满足生活上的不同需要，并形成丰富的室内空间变化。

除了大量的院落式住宅外，还有些特殊形式和做法的住宅，如河南、陕西在黄土崖壁上开挖的窑洞住宅，闽东北的横长联排住宅，闽粤交界一带客家人聚族而居的方形或圆形夯土壁大楼，水乡山区的临水、依山住宅，都不同程度突破了规整的院落格局，各具特点。其中闽西土楼体量巨大，造型浑朴宏壮，江南临水民居秀雅玲珑，倒影增辉，都堪称古代民居的杰作。一些少数

福建土楼

民族住宅，如傣族的干栏竹楼，壮族的麻栏木楼，藏族的石砌碉房，维吾尔族的阿以旺土坯砌住宅，蒙古族、藏族的圆、方形毡帐等，都是由不同功能的房间聚合而成的单幢建筑，与院落式住宅全然不同，也都独树一帜，各有千秋，共同形成传统中国民居丰富多彩的面貌。

山光水色——亭台楼阁

亭子的体量不大，较为小巧玲珑，是中国建筑体系中形制较小的一种建筑类型，但亭子的式样丰富多变。亭子的平面大致有方形、圆形、六角形、八角形。亭的顶式有庑殿顶、歇山顶、悬

徽州民居

绍兴柯桥民居

江南水乡民居

山顶、硬山顶、十字顶、卷棚顶、攒尖顶等，几乎包括了所有中国古建筑的屋顶样式，其中又以攒尖顶最为常见。亭子的用材以木料居多，木亭中以木构架黛瓦顶和木构架琉璃瓦顶最为常见。黛瓦顶木亭是中国古典亭子的代表，遍及大江南北，或庄重质朴，或典雅俊逸。琉璃瓦顶木亭，多见于等级较高的皇家园林，或一些坛庙宗教建筑中，色彩鲜艳，华丽辉煌。此外，还有石亭、竹亭、茅草亭等。亭子的建置随意而广泛，城镇乡村、寺庙道观、官衙府邸、园林等处都有设置，数量众多。

楼阁是另一种特色建筑，据说最早出现于黄帝时代。目前可知的多层楼阁，是春秋战国时期建在土台之上的木结构建筑。秦代与西汉时期，多层木结构建筑技术得到发展，加上人们对“仙

夕阳下的西湖集贤亭

北宋·郭熙《树色平远图》中的茅草亭

兰亭御碑亭

兰亭碑亭

元·夏永《丰乐楼图》

人好楼居”的向往，便开始大量建造独立的重屋式建筑。唐代郊游之风盛行，许多位于风景优美地域的楼阁，渐渐成为人们登临抒怀的胜地。宋元时，楼阁造型更富有变化，外观更加华丽而玲珑，这在许多宋元时期流传下来的绘画作品中还可以看到。明清时期，楼阁更为常见，它的功能更为丰富，居住、储藏、防御、

元・夏永《滕王阁》

游览、娱乐、纪念等性质的均有。材料有木、砖、石、竹、琉璃等。楼阁中最具艺术性的当然是观赏性楼阁，其中最为著名的要数江南的三大名楼：湖南岳阳的岳阳楼、湖北武汉的黄鹤楼、江西南昌的滕王阁。三楼齐名，三楼景观俱盛，都是历代文人骚客登临吟咏的对象。

礼乐寄情——牌坊

中国牌坊的数量之多，数不胜数，高大辉煌的，小巧玲珑的，质朴萧远的，木、石、琉璃等材料均有。不过，很多牌坊都是主体建筑之外的附属设施，往往被其中的大小建筑或主体建筑遮掩，并不突出。除首都北京以外，牌坊相对集中的区域还要数安徽的徽州。徽州的牌坊有两个突出的特点：一是数量多，二是独立、集中。牌坊是一种纪念性建筑，主要由柱、依柱石、梁、枋、楼等几个部分组成。它的形式有一间两柱、三间四柱等，柱子之间架有横梁相连。梁的上面承接着一到三层石板，也就是镌刻有文字的枋，枋上建有楼，有些楼还有特别明显的顶盖。横梁的跨度大，负重也大，容易断裂，为此在梁与柱相连的拐角处多安置有雀替。牌坊多高达十几米，而柱子又处在一条直线上，为了防止倒塌，每根石柱前后都有依柱石夹抱。牌坊建在陵墓、祠堂、衙署、园林等处，甚至是街旁、里巷、路口，既可用于褒扬功德、旌表节烈等，也是一种地域标志。

安徽歙县棠樾牌坊

辽宁沈阳清昭陵石牌坊

北京昌平明十三陵石牌坊

长虹卧波——桥梁

桥梁对于人们的日常生活更具有实用性。古代桥梁从结构上分，有梁桥、拱桥、悬臂桥、索桥、浮桥等。很多横跨巨川大河的桥梁，成为工程技术史上的奇迹。早在公元前3世纪，秦在咸阳就跨渭河修建了宽6丈（约14米）长184丈（约326米）的梁式桥。西晋和唐代先后在河南孟津和山西永济建了横跨黄河的浮桥。宋代先后在福建泉州和晋江建了长800余米的洛阳桥和长2000余米的安平桥两座梁式石桥。金代在中都建长265米的连拱石桥卢沟桥。还有些桥虽然不长，但在工程上有创造性或施工条件极为艰险，如隋代于7世纪初建的世界上最早的敞肩拱桥赵县赵州桥（又称安济桥），清代于18世纪初在大渡河急流上的峭壁之间所建长104米的铁索桥泸定桥，为中国桥梁史增添了光辉。此外，许多古代桥梁虽已湮没在历史的长河中，却通过绘画作品流传后世，让后人一睹它们昔日的风采，如北宋《清明上河图》中由木拱架构成的“虹桥”。

这些桥气势宏壮，具都经过一定的艺术处理，在视觉上也十分出色。咸阳桥桥头有石雕人像；南朝建康和隋唐洛阳浮桥两端建有楼和华表；安平桥上建五亭，桥端建石塔；赵县赵州桥和北京卢沟桥则以石雕望柱狮子和栏板上的云龙图案著称于世；广西侗族的程阳桥在桥面上建楼阁，连以长廊，成为桥梁工程与建筑艺术结合的佳例。

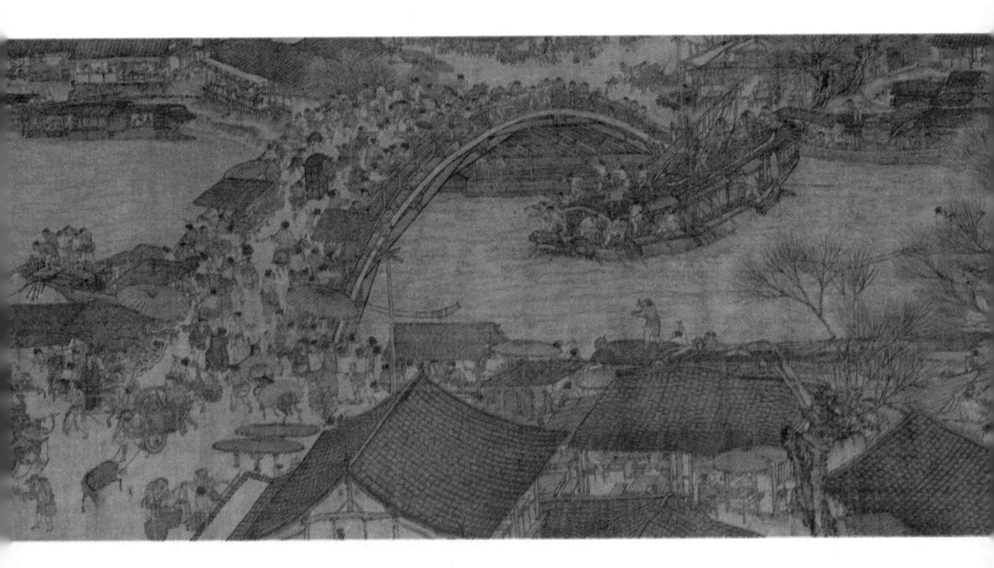

北宋・张择端《清明上河图》中的东京虹桥

巧夺天工——园林

园林是自然与人工的完美结合，既是对自然的模拟，于方寸之间显露自然的意趣；也是对自然的加工，一草一木都能流露出造园者的匠心独运。中国园林把假山鱼池、亭台楼阁等人工布局与大自然的花草树木、清风明月浓缩在一起，创造了人与自然和谐相处的艺术生活。

中国的造园有着悠久的历史传统，最早可追溯到公元前16世纪时的商朝。春秋战国时期，各诸侯国统治者都竞相兴建苑囿。秦始皇在咸阳建上林苑，规模惊人。汉武帝时修复了秦上林苑，延其广长三百里，除了狩猎设施，还建有离宫70所，以及其他各种游玩赏乐设施，上林苑堪称秦汉时期园林设计的杰出范例。建于长安西郊的建章宫，宫内有太液池，池内起蓬莱、方丈、瀛洲三岛，这种一池三岛的做法对后世的园林设计影响深远。西汉时期，少数贵族、官僚和富商仿效皇室，营建苑囿。由此出现了最早的私家园林，规模也不小，设计追求对自然山水的形似。

魏晋南北朝时期，战乱频仍，社会动荡。人们向往自由，崇尚出世，文学和艺术产生了意义深刻的变化。山水诗、山水画相继出现，园林设计也受其影响。当时的士大夫阶层向往自然，寄情田园山水，致使私家园林设计形成追求自然野逸的风气。园林规模缩小，发展了“小中见大”的构思，注重于对真山真水的仿神写意，力求在园林中注入高雅的意境。园林设计因此发生了质

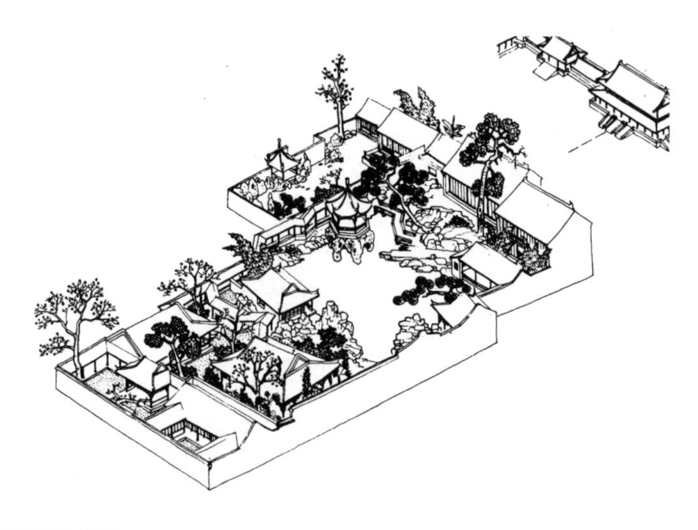

苏州网师园示意图

的变化，对自然美的欣赏代替畋猎宴游，成为园林设计的主要目的。私家园林的这一趋势，还在一定程度上促使了规模巨大、建筑和装饰过多的皇家园林在风格上的转变。

唐宋时期，中国文学和艺术达到了前所未有的高峰，园林设计也被推向更高的审美层次。这一时期的园林设计受诗歌和绘画的影响更大，不少既是官僚，又兼文人、画家的人自建园林或参与园林设计工作，将他们的思想情感和文学绘画所描绘的意境渗透于园林的布置造景中，“诗情画意”逐渐成为中国园林设计的主导思想。这一时期，造园活动得到全面的发展和普及，唐代两都和宋代两京的造园活动都非常活跃，除了皇家园林，豪臣名士也各筑私园，宋代更普及到地方城市和一般士庶。著名皇家园林有隋洛阳西苑、唐长安芙蓉苑、北宋东京艮岳、南宋临安御苑等。著名私家园林有王维的辋川别业、白居易的庐山草堂、李德裕的洛阳平泉庄等。

明清两代是中国古代园林设计的顶峰时期，无论在理论还是实践上都有超出前代的辉煌创造。明清时期遗存的园林较多，我们将在后文详细介绍。

除皇家园林和私家园林以外，还有依托自然山水风光，辅以人文景观的开放式游览景区，性质类似于公园，如著名的五岳——东岳泰山、南岳衡山、中岳嵩山、西岳华山、北岳恒山，经历历代的开发和经营，已成为著名的风景园林区，而杭州的西湖更堪称“公园”的典范。

寺庙园林是中国园林的另一朵奇葩。寺庙园林是指附属于佛寺、道观或坛庙、祠堂的园林，大的接近皇家园林，小的又很像

南宋・刘松年《四景山水图》

西湖群山（林陌 摄）
六桥烟水（徐硕 摄）

西湖全景图

私家园林。这种点缀在自然山水间的园林，往往和风景园林混杂存在，成为风景园林的组成部分。著名的寺庙园林有北京的潭柘寺、戒台寺，太原的晋祠，苏州的西园，杭州西湖的灵隐寺、虎跑寺，承德的外八庙等。

第二章

粗简与朴直

——史前至先秦的建筑

史前时期，远古先民利用天然岩洞作为居所，也开始筑巢而居。新石器时代，人们的生活相对稳定，出现穴居和半穴居的建筑，随后逐步发展，成为地面上的木构架房屋，并出现了聚族而居的村落。从史前到先秦的过渡阶段，随着夯土墙与砖瓦的使用、榫卯结构的产生、院落群体组合的出现，中国古代建筑的基本特征逐渐形成。随后，先秦建筑在此基础上继续发展，出现了一些以宫室为中心的大小城市。这是中国建筑从萌芽到初步成型的阶段。

史前建筑

我们的祖先最早的居住方式主要有两种：一是利用天然岩洞；一是构巢而居。原始人居住的岩洞已有多处考古发现，巢居的传说记载也见之于不少古文献中。

到了新石器时代晚期，随着生产力的发展，人们开始由采集生活和渔猎生活向相对稳定的农业生活和畜牧生活过渡，同时开始了就地取材、因地制宜地营造自己固定居室的活动。生活在黄河流域的人们，在以黄土层为壁体的土穴上，用木架和草泥建造起穴居和半穴居的建筑，后来逐步发展，成为地面上的木架房屋。

为了适应原始公社生活的需要，还出现了上百个房屋聚集在一起的村落。20世纪50年代发现的陕西西安半坡遗址，就是一座新石器时代的村落。此外，生活在长江流域多水地区的人们，则设计建造了下层架空、上层居住的干栏式建筑，并且采用了榫卯结构。这些早期的原始木构架建筑，奠定了将来木构架建筑的雏

陕西西安半坡遗址新石器时代房屋复原图

形，揭开了中国建筑设计发展的序幕。

榫卯结构：榫卯是榫头与卯眼的统称，在古建筑木构建结合部位，工匠将一根木构件端头制作成突出形状，称为榫或榫头，同时在相对应的另一根木构件端部制作出与榫相契合的凹口，称为卯或卯眼。榫与卯相吻合，构成富有弹性的框架。早在7000年前，我国便开始使用榫卯。这种不用钉子的构件连接方式，使得中国传统木构建筑不但可以承受较大的荷载，而且允许产生一定的变形，通过变形吸收一定的地震能量，减小结构的地震影响。

先秦建筑

由于大量奴隶劳动和青铜工具的使用，奴隶社会时期的建筑发展很快，以夯土墙和木构架为主体的建筑已初步形成。夯土技术萌芽于新石器时代，至商朝时已经很成熟。商代后期驱使大量奴隶为奴隶主建造大型宫室、宗庙和陵墓，说明当时已能建造规模较大的木构架建筑。原来简单的木构架，经过商周以来不断改进，逐步发展成为中国古代建筑的主要结构方式，同时还出现了前所未有的院落群体组合。

西周时期，人们设计发明了瓦，春秋时期出现了质地坚硬的砖，从而结束了建筑“茅茨土阶”的简陋状态。春秋时期的建筑已采用彩绘、雕刻等装饰手法，建筑开始从纯实用逐渐转向实用与审美兼顾的双重追求。

春秋战国时期，统治者营建了许多以宫室为中心的大小城市，宫室多建在高大的夯土台上，瓦屋彩绘，装饰华丽。除了居住国君的“城”以外，还有居住贵族和普通国民的“郭”，城市布局已经有了一定的规划考虑。一般认为，战国流传的《考工记》，记载了周朝的都城营建制度："匠人营国，方九里，旁三门，国中九经九纬，经涂九轨，左祖右社，面朝后市。"这些制度虽然尚待实物印证，但现存春秋战国的城市遗址，确实有以宫室为主体的情况，若干小城遗址还有整齐规则的街道布局。汉以后有些朝代的都城为了附会古制，在这段记载的规划思想上进行建设，作出了新的发展。

春秋时期出现了著名建筑匠师鲁班。战国时期，铁器的使用和工商业的初步繁荣，使建筑得到了较快的发展。"高台榭、美宫室"继续兴建，同时出现了许多街道纵横、规划齐整的工商业大城市。

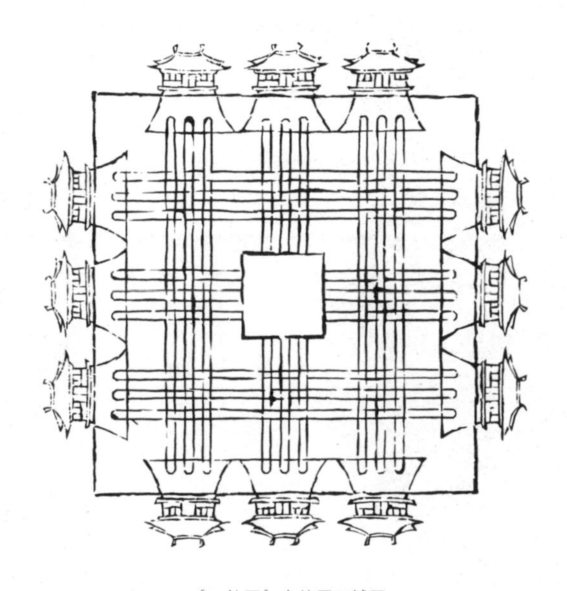

《三礼图》中的周王城图

第三章

端严与遒劲

——秦汉魏晋建筑

秦汉至魏晋时期，中国古代建筑以木构为主、采用院落式布局的特点已基本成熟和稳定，并与当时社会的礼制和风俗习惯密切结合。魏晋时期，玄学和佛教的传入，使中国艺术的风尚发生变化，不但产生了佛塔等新的建筑类型，也影响了建筑风格的转变，建筑外观由汉式的端严雄强向活泼遒劲发展。这段时间是中国建筑发展的基本定型期。

秦汉建筑

秦汉时期是我国古代建筑史上的第一个高潮。秦始皇建立了第一个中央集权的封建帝国，兴起了规模空前的建筑活动，例如筑长城、修驰道、开灵渠、建阿房宫和骊山陵等，至今尚存有秦始皇陵、咸阳宫和阿房宫等重要遗址。汉朝的都城规模更加宏阔，宫殿苑囿更加巨大和华美，未央、长乐两宫都是周围长达二十多里的大建筑组群。礼制思想深刻影响着都城、宫殿和祭祀建筑的布局以及住宅的等级制度。

长城

长城是古代中国在不同时期为抵御塞北游牧部落联盟侵袭而修筑的规模浩大的军事工程的统称，东西绵延上万华里，因此被称为万里长城。长城始建于公元前5世纪春秋战国时期。公元前3世纪，秦始皇统一中国，派遣蒙恬率领三十万大军北逐匈奴后，把原来分段修筑的长城连接起来，并继续修建。其后历代不断维修扩建，至17世纪中叶，前后修筑时间达两千多年，其连续修筑时间之长，工程量之大，施工之艰难，是其他古代建筑工程所难以比肩的，被誉为古代人类建筑史上的一大奇迹。

长城

阿房宫

秦代的阿房宫是众所周知的大宫殿。据《史记·秦始皇本纪》所载，此宫“东西五百步，南北五十丈，上可以坐万人，下可以建五丈旗，周驰为阁道，自殿下直抵南山”。可惜好景不长，没过多少年，就被西楚霸王付之一炬，相传当时“火三月不灭”，如今遗址尚在。

晚唐诗人杜牧在《阿房宫赋》中这样描述：六王毕，四海一。蜀山兀，阿房出。覆压三百余里，隔离天日。骊山北构而西折，直走咸阳。二川溶溶，流入宫墙。五步一楼，十步一阁。廊腰缦回，檐牙高啄。各抱地势，钩心斗角。盘盘焉，囷囷焉，蜂房水涡，矗不知其几千万落。长桥卧波，未云何龙？复道行空，不霁何虹？高低冥迷，不知西东。歌台暖响，春光融融。舞殿冷袖，风雨凄凄。一日之内，一宫之间，而气候不齐。

秦始皇陵

公元前246年，年仅13岁的秦始皇登基不久，就开始建造自己的陵墓，但直到他50岁去世（前210），陵墓还未完全造好，可见其工程之浩大。秦始皇陵是一座由人工用土堆成的山陵，经两千余年的风雨侵蚀，至今的高度还有约50米，可见当年的雄伟之形。现存陵墓为方锥形土台，底边东西345米，南北350米。陵墓外周已发掘出兵马俑、铜车马等文物共约8000余件，被誉为世界第八大奇迹。

汉代宫阙

汉代统治者进一步营建大规模的宫殿、苑囿和陵墓。宫殿有长乐宫、未央宫，苑囿有乐游苑、宜春苑等。当时的汉都长安城面积大约是公元4世纪时罗马城面积的2.5倍。长安城内街道宽敞，又种植行道树，形态壮美，颇有情趣。城内宫殿占去一半面积。未央宫在城的西南，北面还有桂宫、明光宫等。

西汉的宫殿主要是汉长安城内的未央宫和长乐宫，以及明光宫、桂宫、建章宫等。未央宫建于汉高祖七年（前200）。先建东阙、北阙、前殿、武库、天禄、麒麟、石梁等殿阁，后又有增建，宫内主要建筑达40余座。

洛阳城

东汉光武帝于建武元年（25）入洛阳，定为都城，起高楼，建社稷，立郊庙于城南，建南宫、明堂、灵台、辟雍等，成为一座壮观的都城。

徐州汉画像石中的建筑

江苏睢宁汉画像石中的建筑

江苏睢宁汉画像石中的建筑

中国建筑设计到了汉代，由于积累了丰富的经验，已经发展成一个完备的体系。从出土的汉画像石、画像砖和陶屋明器来看，当时的木结构技术已渐趋成熟，后世常见的抬梁式和穿斗式两种主要木结构已经形成，并且能够建造多层木建筑，斗栱已普遍使用。汉代建筑遗物，只有石祠和石阙。四川一些东汉阙仿木结构雕出柱、阑额、斗栱、椽飞、屋顶，比例优美，风格雄健，可视为汉代木建筑的精确模型。建筑屋顶出现了庑殿、悬山、折线式歇山、攒尖、囤顶等多种形式。作为主要建筑材料的砖、瓦已能大量生产。砖石结构技术已逐渐成长起来，拱券技术也有了较大的进步。自此，中国建筑特有的布局形式已经形成，建筑能够满足社会生活的各种需要，成为此后两千余年中国建筑发展的基础。

四川雅安高颐阙

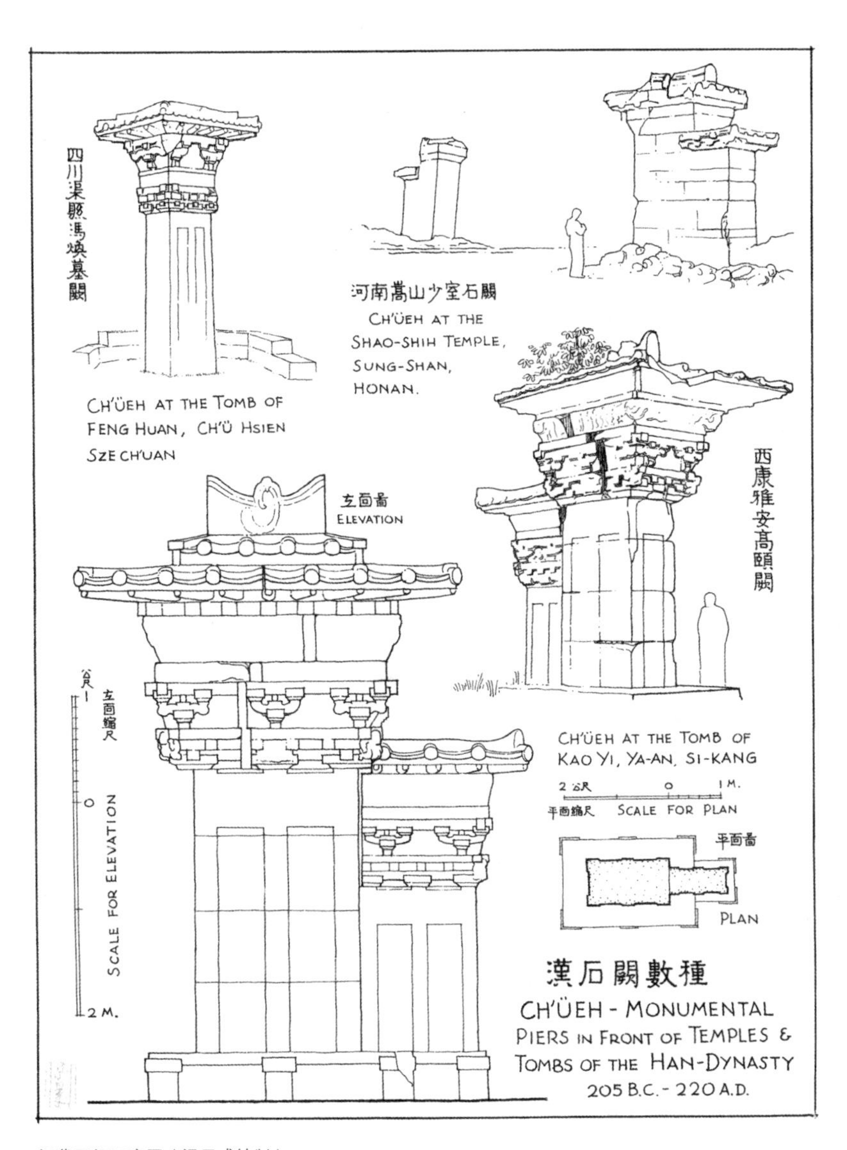

汉代石阙示意图（梁思成绘制）

魏晋南北朝建筑

魏晋南北朝时期，由于佛教的传入和统治者的大力提倡，佛寺、佛塔、石窟等佛教建筑大批兴建，至南北朝时期达到了极盛。佛教作为外来宗教，在中国传播的过程中迅速中国化；寺庙取中国宫殿、官署的形式，以示佛的庄严和极乐世界的壮丽美好。据记载，南朝都城建康有佛寺五百余所，北魏都城洛阳有一千余所。杜牧《江南春绝句》中的“南朝四百八十寺，多少楼台烟雨中”，正反映了当时佛寺建筑的盛况。这一时期还开凿了许多规模巨大、雕刻精美的石窟，成为留存至今的一份极为宝贵的艺术遗产。总之，魏晋南北朝时期的工匠在继承秦汉建筑成就的基础上，吸收了印度、犍陀罗和西域佛教艺术的若干因素，丰富了中国建筑，为后来隋唐建筑的发展奠定了基础。

魏晋南北朝佛寺

南京灵谷寺　灵谷寺位于今南京中山门外。梁天监十三年（514），梁武帝萧衍葬法师于此，建开善精舍和志公塔。唐代改名宝公院，南唐称开善道场，北宋称太平兴国禅寺。到了明代，才改名灵谷寺。现存建筑多为晚清之物。

南京灵谷寺无梁殿

扬州大明寺　大明寺创建于南朝宋大明年间，故称大明寺。此寺历史上多次圮建，现存建筑为清同治年间重建之物。

杭州灵隐寺　灵隐寺始建于东晋咸和年间。历代均有修建，今之寺已是清代甚至现代之物。在天王殿两侧，如今还有北宋开宝年间所造的石经幢各一座。天王殿之北为大雄宝殿，形式为单层三重檐屋顶，高达33.6米。大殿前有两座九级八面的石塔，建于北宋建隆元年（960）。

杭州灵隐寺（张望 摄）

甘肃天水麦积山石窟

另外还有镇江金山寺、上海静安寺和龙华寺、宁波天童寺等，不再详述。

三大石窟

在佛寺建筑得到极大发展的同时，石窟、佛塔也在全国各地兴起。石窟是在山崖上开凿出来的洞窟，这种形式来自印度佛教建筑。印度佛教石窟称支提，它原本是佛教徒修行、居住和进行佛事活动的地方。我国较早的著名石窟有山西大同的云冈石窟、甘肃敦煌的莫高窟和洛阳的龙门石窟，即我国的“三大石窟”。另外如甘肃天水的麦积山石窟、太原的天龙山石窟及甘肃永靖的炳灵寺石窟等，也很有名。

山西大同云冈石窟　云冈石窟始凿于北魏文成帝和平元年（460），至孝文帝太和十八年（494）基本建成。全部洞窟可分为三类：早期的16–20窟，平面椭圆，以造像为主，高大雄伟，其中第20窟为云冈石窟雕刻艺术之代表；中部诸窟平面多长方形，有前室，除中央雕刻佛像外，四壁及顶部都有浮雕；第三种是方形窟室，室内有方塔柱，四壁有佛像、龛座。

云冈石窟外景

云冈石窟内景

龙门石窟外景

河南洛阳龙门石窟 龙门位于洛阳城南，最早开凿于北魏孝文帝定都洛阳时期。此石窟开凿时间相当长，历经东魏、北齐、隋、唐、五代、北宋等朝代。据统计，现存大小窟龛达2000余个，造像达10万余尊。其中最大的造像高达17余米，最小的高仅2厘米。另外还有佛塔40余座，造像题记3680余品。

甘肃敦煌莫高窟 莫高窟俗称千佛洞，位于敦煌三危山与鸣沙山之间，南北长约1610米。相传前秦建元二年（366），僧人乐僔见此山上金光闪闪，似有千佛现身，于是他就在山崖上开凿洞窟，即莫高窟的第一个石窟。后经北魏、西魏、北周、隋、唐、五代、宋、西夏、元等朝代不断开凿，形成一个规模宏伟、内容丰富、具有高超艺术价值的佛教石窟。

敦煌莫高窟

敦煌外景

魏晋佛塔

佛塔源于印度的“窣堵坡”（stupa），原用于保存佛牙佛骨，后来通过与中国木构架建筑体系相结合，形成了楼阁式的多层木塔。塔内不但供奉佛像，还可以登临远眺。中国佛塔种类很多，主要有楼阁式和密檐式两种。魏晋南北朝时期，木构架佛塔盛行一时，但目前无一留存。

木构的楼阁式塔　北魏胡太后在洛阳所建永宁寺塔，高九层，平面正方形，每面九间。每面有三门六窗，门漆成朱红色，门扉上有金环铺首及五行金钉，共用金钉5400余枚。塔总高40余丈，下为土心，可能是历史上最高的木塔。可惜此塔在北魏永熙三年（534）被火焚毁。

河南登封嵩岳寺塔

砖造的密檐式塔　北魏正光四年（523）建造的河南登封嵩岳寺塔，是中国现存年代最早的砖塔，也是唯一的平面为十二边形的塔。塔高39.5米，底层直径约10.6米，内部空间直径约5米。塔身上有十五层紧密的塔檐，由上到下，各檐檐端连成一条条柔和圆润的外轮廓线，呈饱满的抛物线形，稳健而坚韧。整座嵩岳寺塔，由下至上逐渐收缩，虽然塔身庞大，但沉稳中不失秀丽之姿。每层密檐下的小门窗，既打破了塔身的单调，又相互对应，形成节节上升、层层递进的韵律。

秦汉至南北朝的八百余年，以秦汉为高峰，中国古代建筑以木构为主、采用院落式布局的特点已基本成熟和稳定，并与当时社会的礼制和风俗习惯密切结合。所以在东汉至南北朝时，佛教和中亚文化包括建筑的大量传入，只能作为营养被这个体系消化吸收，而不能动摇其建筑体系。

三国至南北朝期间，中国南北分裂，在造成破坏衰退的同时，也出现了各地区各民族建筑文化交流融合的机会。魏晋玄学的兴起和佛教的传入，冲破了两汉经学和礼法对人思想的束缚，艺术风尚相应发生变化。建筑风格也随之发生转变，外观由汉式的端严雄强向活泼遒劲发展，屋顶由平面变为凹曲面，屋檐由直线变为两端上翘的曲线，柱由直柱变为梭柱[1]，由西方传入加以改造的流畅连绵的植物纹样代替了汉代规整的几何图案。建筑外观形象焕然改变，开一代新风。

[1] 梭柱：柱子上下两端或仅上端收小，如梭形，六朝至宋官式建筑上可见，明代仍见于江南民间。

第四章

雄健与醇和

——隋唐两宋建筑

隋唐建筑在继承两汉以来建筑成就的基础上，吸收、融化了外来建筑的影响，形成了一个完整的建筑体系。唐代建筑群气局开朗，院落空间层次分明，房屋造型饱满浑厚，木构架条理明晰，装饰端丽大方。宋代建筑的规模一般比唐代小，建筑更为秀丽，绚烂而富于变化，出现了各种复杂的殿阁楼台。在装饰和色彩方面，灿烂的琉璃瓦和精致的雕刻花纹及彩画增加了建筑的艺术效果。这段时间是中国建筑发展的成熟时期。

隋唐建筑

隋、唐都是统一的多民族国家，经济空前繁荣，文化辉煌灿烂。但隋朝十分短暂。唐是继汉以后又一个统一昌盛的王朝，它的都城规模宏大，是当时世界上最大的城市之一。唐代按州县分级，在全国新建了大量城市，远达边疆地区；建筑群气局开朗，有一气呵成之感；院落空间层次分明，变化丰富；房屋造型饱满浑厚，遒劲雄放；木构架条理明晰，望之举重若轻；装饰端丽大方而不失精巧，逐渐摆脱了汉以来线条方直、端严雄强的古风，进入新的境界。

隋唐城市与宫殿

隋统一全国后，使用民力过急，造成经济破坏和全国动乱，很快覆亡。但它在短时间内大量建设，显示出统一后迅速发展的愿望。隋建大兴城，开大运河，堪称人类历史上的壮举。

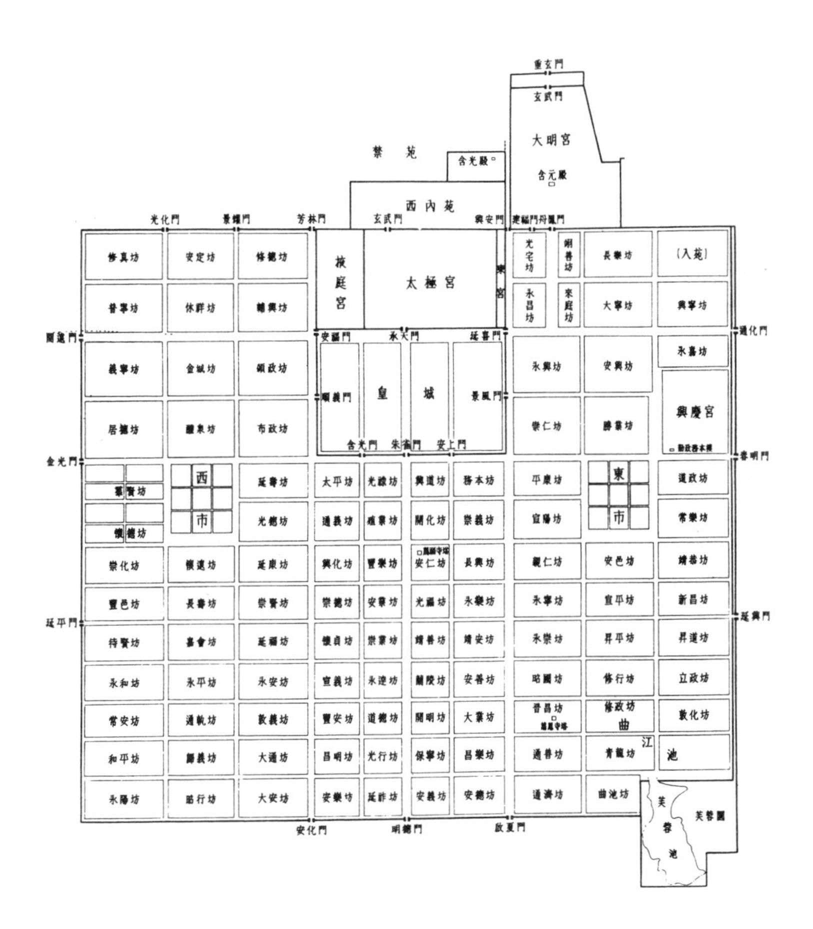

唐长安城复原图

隋大兴城与唐长安城　公元582年，因汉长安故城历时近八百年，破败凌乱，加之水源污染，隋文帝杨坚决定在其东南创建新都大兴城。据考古人员实测，大兴城外廓东西9721米，南北8651.7

米，面积为84.1平方千米，不仅大于古代中国其他都城，也是人类当时所建最大的城市。这座巨大的城市，一年即基本建成，表现出卓越的设计和组织施工能力，其设计者是杰出的建筑师和规划家宇文恺。公元605年，宇文恺又主持兴建东都洛阳，也是一年即基本建成。

公元618年，唐建都之后，仍以大兴城为都城，改名长安城，修整城墙，建立城楼，制定一系列城市管理制度，使长安城成为壮丽繁荣、外商云集的国际性大都会。此后在长安修建了大明宫和兴庆宫，都以宫殿壮丽闻名。

大明宫　长安大明宫的遗址范围相当于北京故宫面积的三倍多，大明宫中的麟德殿，面积约为故宫太和殿的三倍。这一时期的宫殿与陵墓建筑，加强了纵轴方向衬托突出主体建筑的组合布局，直到明清仍沿用此法。

唐大明宫含元殿复原图

大明宫内有两座主要的殿宇——含元殿和麟德殿。含元殿是大明宫的正殿，位于大明宫中轴线上，整座建筑位于高高的龙首原上，并有3米多高的夯土台基。此殿东西宽十一间，南北进深四间。这座建筑的特点不只是大，更在于奇。在殿前方两侧相距约150米处，对称地建有翔鸾（东）、栖凤（西）两阁。高耸入云的两阁与大殿间用曲廊相连，起到维护烘托主殿的作用，使殿宇更显壮丽辉煌。

麟德殿在大明宫内的西侧，这是皇帝赐宴群臣、大臣奏事、藩臣朝见之处。据考古发掘和研究，这里还有观看伎乐和作佛事道场的场所。整个殿宇由前、中、后三座殿堂组成，平面进深为前殿四间，中殿四间，后殿三间，面阔均为九间。此建筑三殿并接，深83.5米，总建筑面积约5000平方米。据考古学家研究认为，前殿单层，中殿和后殿均为二层。整座建筑不但巨大，而且错落有致，极为壮观。

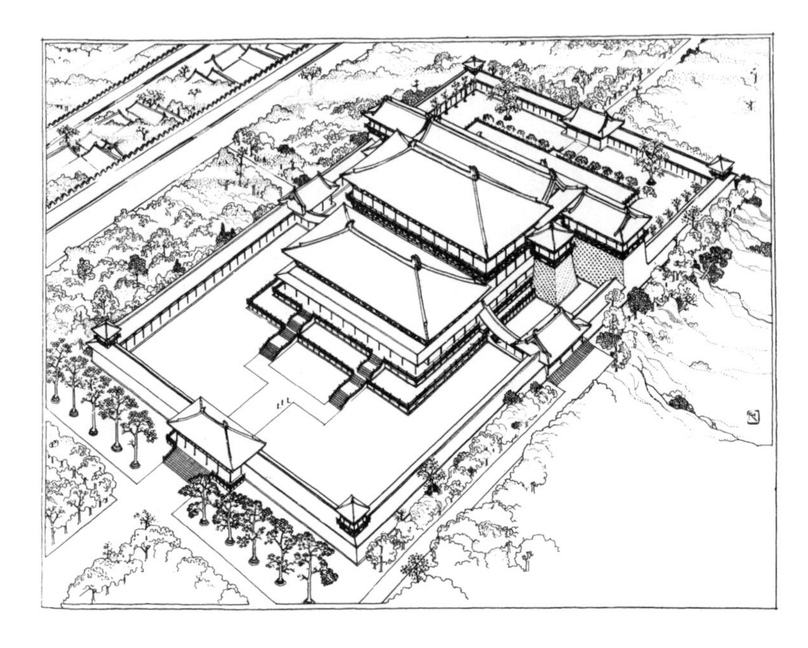

唐大明宫麟德殿复原图

隋唐佛寺

隋唐的佛教建筑遍布全国。留存至今的两座木构架殿堂建筑均在山西五台山，即南禅寺大殿和佛光寺大殿。它们是我国现存最早的两座木构架建筑，造型端庄浑厚，表现出唐代建筑稳健雄丽的风格，在建筑设计发展史上具有极其珍贵的价值。从这些建筑中可以看出，此时木建筑已采用模数制的设计方法，用料尺寸规格化。

模数制：中国古代建筑的两道屋架之间的空间称一间，是房屋的基本计算单位。每间房屋的面宽、进深和所需构件的断面尺寸，至迟到南北朝后期已有一套模数制的设计方法。这种设计方法是把建筑所用标准木枋（即栱和柱头枋所用之料）称“枋”，“枋”分若干等，以枋高的1/15为“分”，“枋”高是模数，“分”是分模数。然后规定某种性质、某种规模的建筑大体要用哪一等枋，再规定建筑物的面阔和构件断面应为若干“分”，并留有一定伸缩余地。建屋时，只要确定了性质、间数，按所规定的枋的等级和“分”数建造，即可建成比例适当、构建尺寸基本合理的房屋。中国木构架房屋易于大量而快速组织设计和施工，采用模数制设计方法是重要原因之一。

南禅寺大殿　南禅寺大佛殿是中国现存最早的木结构建筑。大殿面阔三间，进深三间。正面中央开间辟门，门的形状为规矩

山西五台山南禅寺大殿

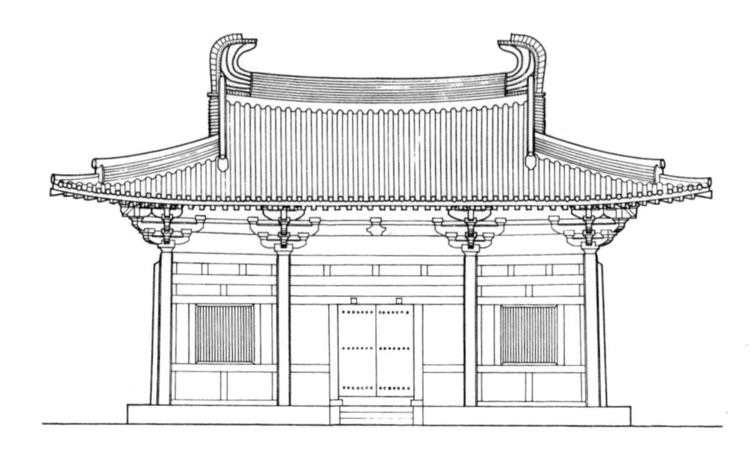

山西五台山南禅寺大殿立面复原图

山西五台山南禅寺大殿剖面图

的方形，造型简单，只在门边加了窄窄的木边框，别无其他装饰，朴素雅静。左右开设方形小窗，窗上是整齐垂直的木制窗棂，线条富有韵律。大殿的屋顶为单檐歇山式，覆盖灰色筒瓦，正脊两端的吻，造型犹如一弯新月。整个大殿立于一座白色台基上，无栏杆围绕，也无其他点缀，显得简洁而耐人寻味。

佛光寺大殿　五台山佛光寺是另一座唐代建筑遗迹，现存大殿是唐大中十一年（857）所建原物。佛光寺正殿面阔七间，通面宽达34米，进深四间。大殿为单檐庑殿屋顶，坡度缓和，斗栱宏

山西五台山佛光寺大殿

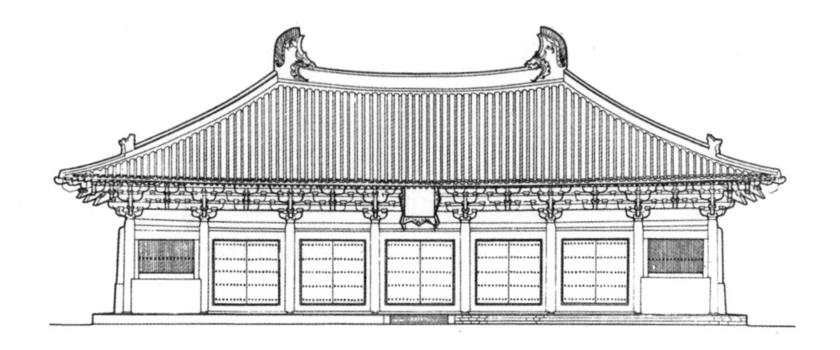

山西五台山佛光寺大殿正立面图

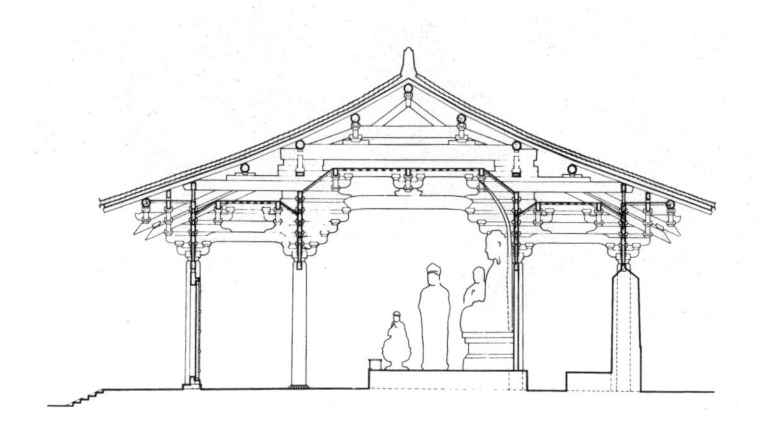

山西五台山佛光寺大殿剖面图

大，出檐深远，装饰简约，比例得当，笼罩着豪迈的气象。佛光寺大殿作为唐代木结构建筑遗存，展现了唐代高超的营造技艺。佛光寺大殿是殿堂型构架的典型代表，其梁架穿插交织，精密劲健，内构简单，表现出典型的大唐建筑风度。

佛光寺的发现，与梁思成先生的努力密不可分。早年有日本学者曾断言，在中国已经不可能看到完整的唐代木构建筑了。建筑学家要想领略唐代古朴雄浑的建筑风格，得去日本才行。因为日本的京都、奈良等城市中不少建筑就是按照正宗的“唐风”建造的。中国古代建筑大都是木构结构，巧夺天工，精美别致，缺点是容易损毁。当代还能看到的大多是明清建筑。宋元建筑已是罕见，更何况是原汁原味、风格浓郁的唐代建筑?

从1932年起，梁思成和他的同伴们便开始在华夏大地寻找明清以前的古代建筑。他们发现了一个又一个宋代、元代建筑。但是直到1937年，他们仍没有发现唐代建筑。这时，梁思成读到伯希和的《敦煌石窟图录》，书中第61号窟的宋代壁画《五台山图》中记载的五台山大佛光寺引起了他的注意。他马上查找《清凉山（五台山）志》中有关佛光寺的记载，知道它并不在五台山中心的台怀镇，而是在人迹罕至的偏远之地，这正是有可能找到古建筑的最好条件。

1937年6月，梁思成、林徽因与他们的学生莫宗江、纪玉堂从北京乘火车到达太原，再乘坐公共汽车，在平原上经过三四个小时的路程后，到达了五台县城。而就在当时，他们的状况并不好：梁思成拖着一条伤腿，林徽因患着肺病。梁思成、林徽因骑着毛驴，从清晨走到黄昏时分，来到山西五台山脚下的豆村。转过山道，他们远远望见一个隐藏在连绵山峦下的古寺。终于在第二天的夕阳中看到了他们期待已久的佛光寺。当年的古寺早已香客冷清，荒凉破败，看守寺院的只有一位年逾古稀的老僧和一位年幼的哑巴弟子。当老僧明白造访者的来意后，佛光寺寂寞多年的山门，便为这几位神秘的远方客人敞开了。

梁思成曾撰文写道："1937年6月,我同中国营造学社调查队莫宗江、林徽因、纪玉堂四人到五台县城后，不入台怀，折而北行，径趋南台外围。骑驮骡入山，在陡峻的路上，迂回着走，沿倚着岸边，崎岖危险，下面可俯瞰田垄……到了黄昏时分，我们到达豆村附近的佛光真容禅寺，瞻仰大殿，咨嗟惊喜。我们一向所抱定的国内殿宇必有唐构的信息，一旦在此得到一个实证了。"

唐代佛塔

在南北朝时期，塔是佛寺组群中的主要建筑，但到了唐代，塔已经不再位于组群的中心，但仍是佛寺的重要组成部分。塔挺拔高耸的姿态，对佛寺组群和城市轮廓面貌都起着一定的作用。

唐代砖石塔以方形为多，也有多角形和圆形；有单层，也有多层；形式多样，主要有楼阁式、密檐式与单层塔三种。

唐朝留下来的楼阁式砖塔中，唐总章二年（669）建造的西安兴教寺玄奘塔是一个重要的范例。此外还有唐开耀元年（681）建造的西安香积寺塔和建于公元8世纪初期的大雁塔。

西安大雁塔 位于西安市内的大雁塔，高64米，共七层，平

西安大雁塔

面方形，底边各长24米。此塔初建于唐永徽三年（652）。当时著名僧人玄奘为保护从印度带回的经籍，由唐高宗资助，在慈恩寺内建此塔。初建时为砖身土心，平面呈方形，共五层，后毁于战火。五代后唐长兴年间重新修缮，改用青砖楼阁式，共七层。唐大历年间又改为十层，但因战乱只留下七层。到了明代，此塔又遭破坏，于是便在其外表加砌面砖加以保护，才成为现在这个样子。大雁塔造型简洁，形式古朴庄重。从外部造型来说，大雁塔是楼阁式塔，但从内部结构来说，则是空筒式塔，塔内的盘旋楼梯可达塔的顶层。唐时就有很多人登临揽胜，特别是考中进士的人要登高赋诗，留下了大量逸事佳话与美妙诗篇。

唐代的密檐塔有西安小雁塔、云南大理崇圣寺的千寻塔、河南嵩山的永泰寺塔和法王寺塔等。

西安小雁塔 西安荐福寺小雁塔建于唐中宗景龙年间（707–709）。此塔平面呈方形，建塔时为十五层，明代西安大地震时倒掉顶上的二层，现为十三层，高43米，砖砌密檐式，中空，有木楼层。虽然其檐与檐之间狭窄的墙面上有窗，但其出檐与内部分层并不一致，因此不能表示其内部的层次，当归入密檐塔一类。塔的外形轮廓呈抛物线形状，优美动人。

大理千寻塔 千寻塔建于南诏国后期，是现存唐代最高的砖塔之一。平面呈方形，密檐十六层，位置在崇圣寺的前部，和位于稍后的左右两座宋朝（大理国）的小塔合成一组，在点苍山的衬托下，显得格外秀丽。

南京栖霞寺舍利塔 栖霞寺舍利塔建于五代的南唐时期（937–975），是一座八角五层、高约18米的小石塔。塔的整体构图，创造了中国密檐塔的一种新形式，即基座部分绕以栏杆，其上覆莲、须弥座和仰莲承受塔身，而基座和须弥座被特别强调出来予以华丽的雕饰，这是此前的密檐塔所没有的。

云南大理崇圣寺三塔（右为千寻塔）

南京栖霞寺舍利塔

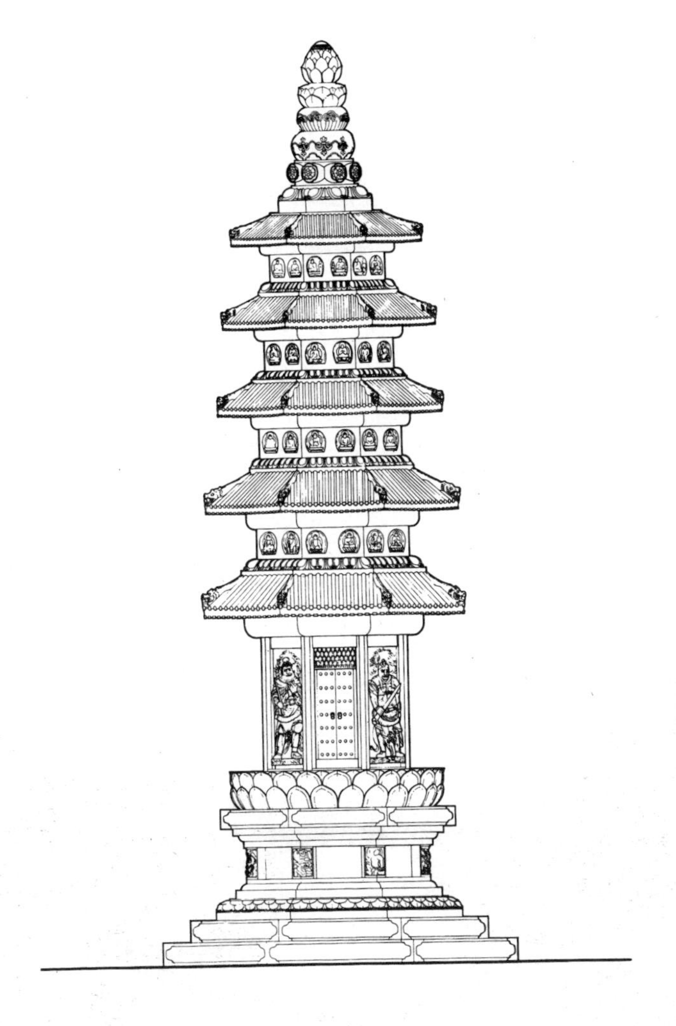

南京栖霞寺舍利塔南立面图

赵州桥

隋唐时期，桥梁建筑也取得了非凡的成就，闻名中外的赵州桥就建于隋大业年间。它是中国现存最古老的桥，也是世界上第一座敞肩式石拱桥。

工匠李春设计并主持修建的赵州桥（又名安济桥），全长近50.82米，主拱券跨度37.4米，桥两端宽9.6米，中部宽9米。桥的跨度虽然很大，但桥面平缓，弧度微小。

赵州桥横跨在河北赵县洨河之上，一个大拱，状若长弓，桥面与水面却基本平行。大拱的两肩上，各驮两个小拱。拱上加拱，不仅减少水流阻力，减轻桥重，而且使桥身多变化，不呆板，更显美观。整个桥身结构匀称，精巧空灵，雄伟中见秀逸，有“初月出云，长虹饮涧”之美。

河北赵州桥

奈良唐招提寺建筑之一

赵州桥是世界桥梁史上的一项伟大成就，也可以说是桥梁史上的一个奇迹。自隋至今历经千余年的沧桑，其间更有多次地震，它依然屹立不倒。其设计之精巧，令人难以想象。

隋唐建筑设计强调艺术与结构的统一，没有华而不实的构建，建筑色调简洁明快，屋顶舒展平远，门窗朴实无华，给人以庄重、大方的印象。这是后来宋元明清建筑少见的特色。唐朝建筑的成就，对日本产生了深远影响，日本的平城京、平安京规划，奈良唐招提寺等建筑，就是由日本派遣的使臣、留学生以及中国高僧鉴真等仿照唐朝都城、宫殿、寺院建造的。

两宋建筑

宋代建筑的规模一般比唐代小，无论组群与单体建筑都没有唐代那种宏伟刚健的风格，但比唐代建筑更为秀丽，绚烂而富于变化，出现了各种复杂的殿阁楼台。在装饰和色彩方面，灿烂的琉璃瓦和精致的雕刻花纹及彩画增加了建筑的艺术效果。

辽代的统治者仿效汉族的建筑风格，使用汉族工匠修建都城、宫室和佛寺等。由于北方从唐末起就成为藩镇割据的状态，建筑技术和艺术很少受到唐末五代时中原和南方文化的影响，因此辽早期建筑保留了很多唐代的风格，尤其是保存至今的不少木结构佛寺殿塔。金朝在建筑方面则形成了宋辽风格杂糅的情况。

宋代都城

北宋与辽和西夏对峙于河北、山西、陕西一线，却在一个相对较小的疆域里创造出了高于唐代的经济。北宋迁都汴梁（今开封），以便通过运河得到江南经济上的支持，使汴梁成为手工业、商业发达的城市。经济活动的繁荣，冲破了自古以来把居民和商肆封闭在坊、市之内的传统，使汴梁成为拆除坊墙、临街设店、小巷直通大街的开放型街巷制城市。这是中国古代城市史上的巨大变化。

北宋时国土分裂，闭关锁国，对外采取守势。宋代的城市、宫殿、邸宅建筑不再拥有强盛、开放的盛唐那种宏大开朗的气魄。同时，经济发展促成喜好享受的社会风气，于是建筑也向精练、细致、装饰富丽的方向发展。

北宋都城汴梁　北宋都城汴梁又称东京（洛阳为西京）。东

北宋・赵佶《瑞鹤图》中的汴梁宫城正门宣德门

北宋・张择端《清明上河图》中的汴梁

京的前身是唐朝的汴州，位于黄河中游的大平原上，正当大运河的中枢，水陆交通便利，手工业和商业发达。五代时期梁朝曾以它为东都，晋、周二朝也在此建都。北宋为了利用南方丰饶的物资，也在此建都。汴梁设三层环套式城墙，分为宫城、内城和外城。最中心为宫城，是皇帝听政、起居的地方，也是中央国家机

构的所在地。其正门为丹凤门，门上建宣德楼，高大华丽，反映出大国气度。内城东北隅有一座大型园林——艮岳，外城西郊有金明池，都是皇帝游乐的御苑。根据文献记载，北宋宫殿的主要殿堂有些是工字殿形式。整个规模虽不如隋唐两朝宏大，但扩建时曾参照西京（洛阳）唐朝宫殿，所以组群布局既规整，又具有灵活华丽和精巧的特点。

街巷制取代坊市制后，城市商业迅速发展，城市人口不断增加，因此北宋的汴梁十分繁华，内城除各级衙署外，其余住宅、商店、酒楼、寺院、道观、庙宇等不计其数。宋代的集市不但突破了区域的限制，也突破了时间的限制，三鼓以前的夜市已经合法，因而使汴梁成为名副其实的“不夜城”。留存至今的《清明上河图》就展现出汴梁的繁华盛景。

南宋都城临安 南宋都城临安，即今之杭州。临安城十分繁华，人口超过百万。城四周共有东便门、候潮门、保安门、新门、崇新门、东青门、艮山门、钱湖门、涌金门、清波门、钱塘门、嘉会门、余杭门等13座城门。作为都城，临安比较特别：一是不规则、不对称，依山、湖、江而成形；二是皇宫位置在城的最南端，皇宫之北为都城，似乎比较别扭；三是皇宫、太庙及其他官署位置也十分杂乱，无规则。究其原因，一是地形所限，因西湖造成“一半湖山一半城”的局面；更重要的也许是出于“临时安顿”的考虑，暂时将就，因而不甚讲究。

宋辽金时期的木构架建筑

两宋的木构架建筑存世极少，现存的山西太原晋祠圣母殿具有宋代建筑柔和秀丽的风格。与此同时，北方辽代建筑更多地保留了唐代建筑雄健的风格。后来的金代建筑又糅合了辽宋两者的风格。现存著名的辽代木构架建筑有天津蓟县独乐寺观音阁、山西大同华严寺大殿、普化寺大殿和应县木塔等。

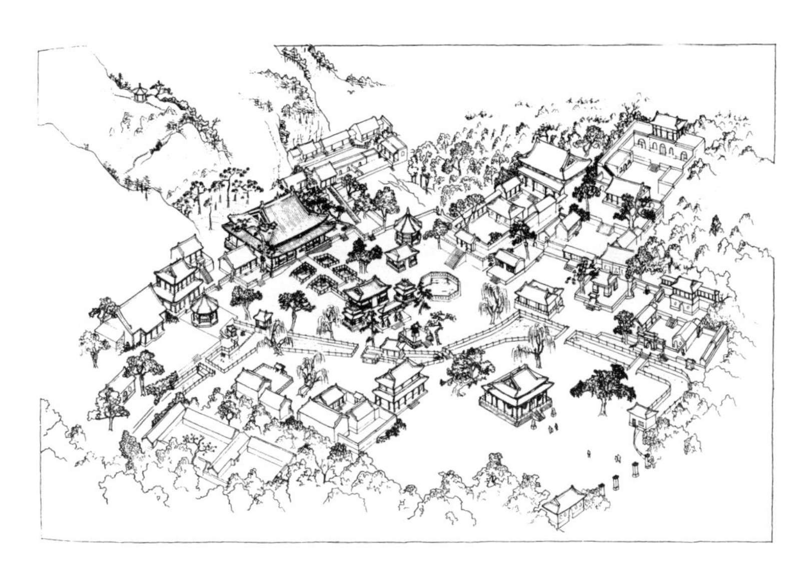

太原晋祠鸟瞰图

晋祠圣母殿　山西太原的晋祠，原是祭祀春秋时晋侯始祖唐叔虞的祠庙。晋祠创建于何时尚难确定，史书上最早的记载是北魏郦道元的《水经注》，距今至少已有1500年的历史。经过历代多次修缮扩建，如今祠中殿宇、楼阁、亭台等已达百余座。这些不同时代建造的建筑，组成了一个紧凑而精美的建筑群，如同一座山水园林，山环水绕，古木参天。晋祠中轴线后部的献殿、鱼沼飞梁和圣母殿堪称三大国宝建筑。

晋祠建筑群中，以建于北宋的圣母殿和殿前的鱼沼飞梁最为著名。圣母殿始建于北宋天圣年间（1023–1031），崇宁元年（1102）重修。今之建筑即为当时之原物，它位于晋祠的最后部，前临鱼沼，后拥危峰，雄伟壮观。圣母殿殿高19米，屋顶为重檐歇山顶。殿面阔七间，进深六间，平面近方形，四周有回廊。殿内梁架用减柱做法，所以内部空间宽大舒朗。圣母殿微微向上弯曲的屋顶轮廓，柔和秀美，总体造型舒展而庄重，是宋代建筑风格的典型代表。圣母相传为晋侯始祖唐叔虞之母，圣母像庄重威严，两边泥塑仕女像亭亭玉立，形态生动。殿正面有8根木雕蟠龙柱，雕工精美，龙的姿态自然，情态各异，栩栩如生。

飞梁是殿前方形的鱼沼上一座平面呈十字形的桥，四向通到对岸，对于圣母殿，又起着殿前平台的作用，是善于利用地形的设计手法。桥下立于水中的石柱和柱上的斗栱、梁木都还是宋朝原物。

飞梁前面有重建于金大定八年（1168）的献殿，面阔三面，

太原晋祠圣母殿

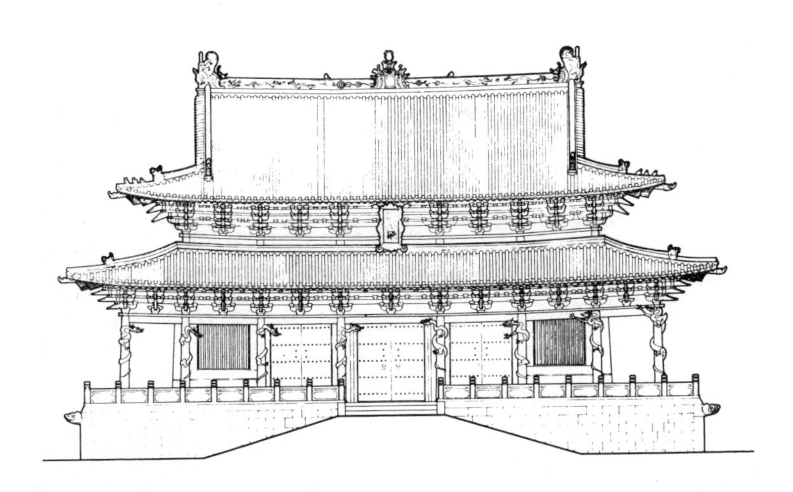

太原晋祠圣母殿立面图

太原晋祠圣母殿横剖面图

河北正定隆兴寺牟尼殿

河北正定隆兴寺牟尼殿纵剖面图

单檐歇山顶，造型轻巧，在风格上与主要建筑圣母殿和谐一致。

隆兴寺牟尼殿　河北正定隆兴寺始建于隋代，当时名为龙藏寺。北宋初年改名龙兴寺，清康熙年间赐名隆兴寺。此寺坐北朝南，中轴线对称布局，总平面狭长。其中的摩尼殿建于北宋皇祐四年（1052），建筑平面略呈方形，四面均出抱厦，且抱厦大小不一，极富特色。殿顶为重檐歇山式，四面抱厦为单檐歇山式，所以外形变化较多，类似于传世宋画中的建筑。大殿敦实庄重，宏伟深沉，而四面突出的抱厦却为它增添了灵动鲜活的艺术风格。今日的牟尼殿极为古朴苍劲，有一种暮年挺拔之感，屡废屡建，屡建屡兴，却依然保持着宋代风格。

独乐寺观音阁　天津蓟县独乐寺始建于唐，辽统和二年

天津蓟县独乐寺观音阁

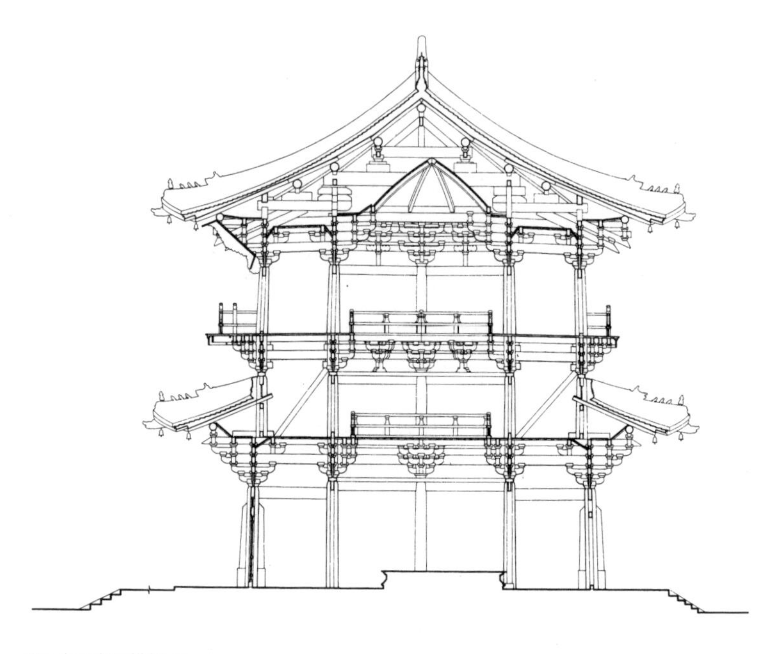

独乐寺观音阁横剖面

（984）重建。现存的山门和观音阁都是辽代原物，从山门到阁原来应有回廊环绕，现已不存。寺的山门坐北朝南，面阔三间，进深二间，单檐庑殿顶。由于台基较低，斗栱雄大，出檐深远，而脊端鸱尾形制遒劲，给人以庄严稳固的印象。入山门，正北为观音阁，是寺的主体建筑。观音阁面阔五间，进深四间，外观两层，中间有腰檐和暗层，内部实为三层，上覆单檐歇山顶。阁中置一座高16米的辽塑十一面观音像，造型精美，是现存最高的古代泥塑立像。此像直通三层，所以阁内开有空井以容纳像身。第三层明间在主像上覆以藻井，左右次间则用平棊。阁内一层北、

独乐寺观音阁内部

东、西三壁有明代所绘罗汉像，二层平座上方、井内壁有后代补绘的壁画。

阁的外形，因台基较低矮，各层柱子略向内倾侧，下檐上四周建平坐，上层复以坡度和缓的歇山式屋顶，从而在造型上兼有唐代雄健和宋代柔和的特色，是辽代建筑的一个重要实例。

华严寺薄伽教藏殿 山西大同的华严寺，分为上寺和下寺。下寺的薄伽教藏殿建于辽重熙七年（1038），是目前已发现的古代单檐木建筑中体型最大的一座。上寺的大殿重建于金天眷三年（1140）。薄伽教藏殿现为下寺主殿，面阔五间，进深四间。殿内沿墙建储藏经卷的木橱，为有腰檐平坐的楼阁形，称“天宫壁藏”。壁藏共分38间，下层各间为一储经橱，上层都以楼阁为主

大同上华严寺大殿

大同下华严寺薄伽教藏殿壁藏

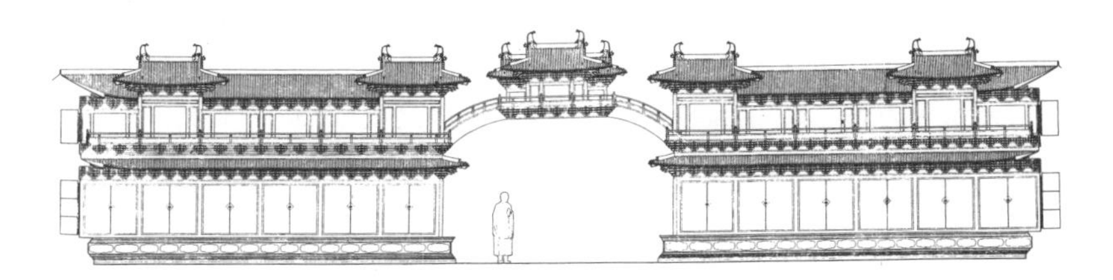

大同华严寺薄伽教藏殿壁藏西立面图

体，用较低的行廊连接，高低错落，翼角翚飞，极为精美。后壁中部壁藏中断，仅上部用弧形飞桥连通，桥上建有小殿。壁藏上楼阁的柱、阑额、斗栱、翼角瓦件、栏杆均依实物比例缩制，可视为辽代精确的木建筑模型。

应县木塔　现今的应县木塔为辽清宁二年（1056）所建之原物。塔的正式名称为佛宫寺释迦塔。塔平面八边形，外观为五层六檐（底层为双檐），内部九层（有四层是暗层）。塔高67.13米，底径30米。塔建在4米高的两层石砌台基上。塔身内外双槽立柱，构成双层套筒式结构，柱头柱脚均有水平构件连接。暗层中又有斜撑，使它具有坚实的整体性。各层塔每面三间四柱，东、西、南、北四个方向中间开门，可以出至走廊，有栏杆围护。整座木塔体型庞大，但由于在各层屋檐上配以向外挑出的平坐与走廊，以及攒尖的塔顶和造型优美而富有向上感的铁刹，不但不感觉其笨重，反而呈现出雄壮华美的形象。

作为世界上最高、最古老的木结构佛塔，在近千年的岁月中，应县木塔除经受日夜更替、四季变化、风霜雨雪的侵蚀外，还遭受了多次强地震袭击，仅烈度在5度以上的地震就有十几次。然而木塔坚强不屈，仍傲然挺立。保证木塔千年不倒主要有以下原因：一是木塔的结构科学合理，卯榫咬合，刚柔相济，能起到减震作用；二是木塔采用两个内外相套的八角形，将木塔平面分为内外槽两部分，内槽供奉佛像，外槽供人员活动。内外槽之间又分别有地袱、栏额、普柏枋和梁、枋等纵横相连，构成了一个刚性很强的双层套桶式结构，大大增强了木塔的抗倒伏性能。三是木塔由大量斗栱组成，它们将梁、枋、柱连接成一体，在受到

山西应县佛宫寺释迦塔（应县木塔）

山西应县佛宫寺释迦塔剖面图

大风、地震等水平力作用时，木材之间产生一定的位移和摩擦，可吸收和损耗部分能量，起到了调整变形的作用。

宋辽金时期的砖石佛塔与经幢

两宋时期的砖石建筑达到了新的水平，尤以佛塔最为突出，留存最多，形式丰富，艺术设计和工程设计的水平都很高。此时大型砖石塔的形式大致也可分为楼阁式和密檐式两种，密檐式塔一般不能登临，大都是实心，构造与造型比较单一，而楼阁式塔则比较多样。楼阁式的砖石塔又可以分为三种类型。

第一种是砖造塔身，但外围采用木构，其外形和楼阁式木塔并无多大差别。宋代建造的苏州报恩寺塔及杭州六和塔、雷峰塔虽然外廊经清末甚至现代重修，但基本上仍属这种类型。

杭州雷峰塔　雷峰塔始建于北宋太平兴国二年（977），吴越国王钱俶为奉藏佛螺髻发以祈国泰民安，建雷峰塔（原名皇妃塔）于西湖南岸夕照山。双套筒砖砌塔身，八面木构檐廊。但雷峰塔屡遭破坏，尤其是明代倭寇纵火焚塔，檐廊尽毁。灾后古塔仅剩砖砌塔身，一派苍凉凝重的风貌，与西湖北面之保俶塔遥遥相对，时人谓“雷峰如老衲，保俶如美人”。民国时雷峰塔坍塌。新塔重建于2002年，恢复了南宋重建时的外观。

第二种是塔全部用砖或石砌造，但塔的外形完全模仿楼阁式木塔。屋檐、平坐、柱额、斗栱等都用砖或石块按照木构形式制造构件拼装起来。如苏州五代末至宋初建造的虎丘云岩寺塔、内蒙古自治区的辽庆州白塔和福建泉州的宋开元寺双塔等都是这时

杭州雷峰塔

期的重要遗物。

泉州开元寺双塔 东塔名为“镇国塔”，西塔名为“仁寿塔”，耸立于开元寺的东西广场，相距约200米。东塔始建于唐咸通六年（865），为木塔，宋宝庆三年（1227）改建为砖塔，嘉熙二年至淳祐十年（1238–1250）重建，改为石塔。高48.24米，塔基须弥座上有浮雕的释迦牟尼本生故事30多幅。塔身的每一门龛有浮雕的佛像，雕工精细，神态生动。西塔始建于五代后梁贞明二年（916），初为木塔。北宋时改建为砖塔。南宋绍定元年至嘉熙元年（1228—1237）改建为石塔。高44.06米，双塔均仿楼阁式

苏州虎丘云岩寺塔

福建泉州开元寺双塔之一

内蒙古辽庆州白塔

河南开封佑国寺塔

木塔结构，八角五级，巍峨壮丽，为石塔建筑的珍品。

第三种塔用砖或石砌造，模仿楼阁式木塔，但不是亦步亦趋，而是适当地加以简化。如山东长清宋灵岩寺塔、河南开封宋祐国寺塔和河北定县宋开元寺塔等。

开封佑国寺塔　著名的开封佑国寺塔是仿木楼阁式砖塔，建于北宋皇祐元年（1049）,造型高耸挺秀，塔身采用28种琉璃砖砌造，雕刻有飞天、麒麟、菩萨、力士、狮子等50多种纹样，雕工精细，整塔宛如一件大型琉璃工艺品。塔顶为八角攒尖顶、宝瓶式的铜塔刹。整座塔造型挺拔，雄伟壮观。

开元寺塔　河北定县开元寺塔高达84米，相当于一座20层的高楼，是现存我国古代最高的建筑物。砖砌塔身，平面八角，

河南开封佑国寺塔细部

高十一层。塔形简洁秀丽，比例得当。传说当时有一位僧人叫会能，往西天取经，得舍利子而归，为供奉舍利子，宋真宗亲下诏书筹建佛塔。此塔始建于北宋咸平四年（1001），至和二年（1055）建成。此塔的建造还有军事原因，这里是北宋的边防重镇，为防御北方的辽军，所以造高塔来瞭望敌情，故又名“瞭敌

河北定县开元寺塔

山西灵丘觉山寺塔

塔”或“料敌塔”。

这一时期的密檐塔多出现于北方，盛行于辽而为金代沿用的八角形平面密檐塔，是这一时期出现的新样式。其造型特点是在台基上建须弥座，上置斗栱与平坐，再上以莲瓣承托较高的塔身。塔身雕刻门窗及天神等，塔身上部以斗栱支撑各层密檐，顶部以塔刹作结束。

灵丘县觉山寺塔　山西灵丘县觉山寺塔是一座保存较完好的辽代密檐塔。塔建于辽大安五年（1089），原在寺西北的塔院中。塔下有方形及八角形两层基座，上置须弥座两层。第二层至

北京天宁寺塔

十三层用砖砌斗栱支撑挑出的密檐，最上为攒尖顶，顶上置铁刹，以八条铁链固定在屋脊上。整座塔的造型，主要以上下两部分的繁密来衬托中部平整的塔身，使塔显得刚健有力。

北京天宁寺塔 北京天宁寺塔也是一座优美的辽代密檐塔，明代虽经大修，但仍保持着辽代的基本风貌。此塔为密檐式实心砖塔，平面八角，共十三层。

公元7世纪后半期，随着密宗东来，佛教建筑中增加了一种新的类型——经幢。到中唐以后，净土宗也建造经幢，数量渐多。这时期经幢的形状不但逐渐采用多层形式，还以须弥座与仰莲承托幢身，雕刻也日趋华丽。经过五代到北宋，经幢发展达到最高峰。现存宋代诸多经幢中，以河北赵县经幢的体型最大，而且形

北京天宁寺塔（局部）

河北赵县陀罗尼经幢

河北赵县陀罗尼经幢立面图

象华丽，雕刻精美，是典型的代表作品。

赵州陀罗尼经幢 河北赵县经幢全称赵州陀罗尼经幢，建于北宋宝元元年（1038），全部石造，高约15米。底层为6米见方扁平的须弥座，其上建八角形须弥座二层。这三层须弥座的束腰部分，雕刻力士、仕女、歌舞乐伎等，姿态生动，上层须弥座每面雕刻廊屋各三间。再上以宝山承托幢身，其上各以宝盖、仰莲等承受第二、第三两层幢身。再上，雕刻八角城及释迦游四门故事。

中国古代建筑规制典范《营造法式》

12世纪初由北宋李诫编著、政府颁布的《营造法式》，全面总结了隋唐以来的建筑经验，对建筑的设计、规范、工程技术和生产管理都有系统的论述，是我国乃至世界建筑史上的珍贵文献。作者李诫（？—1110）任将作监（宫廷工程总负责）七年，具有丰富的实践经验，在此基础上他总结出许多营造的法则。《营造法式》的内容可分为五个主要部分，即释名、各种制度、功限、料例和图样，共34卷；前面还有“看详”和目录各一卷。

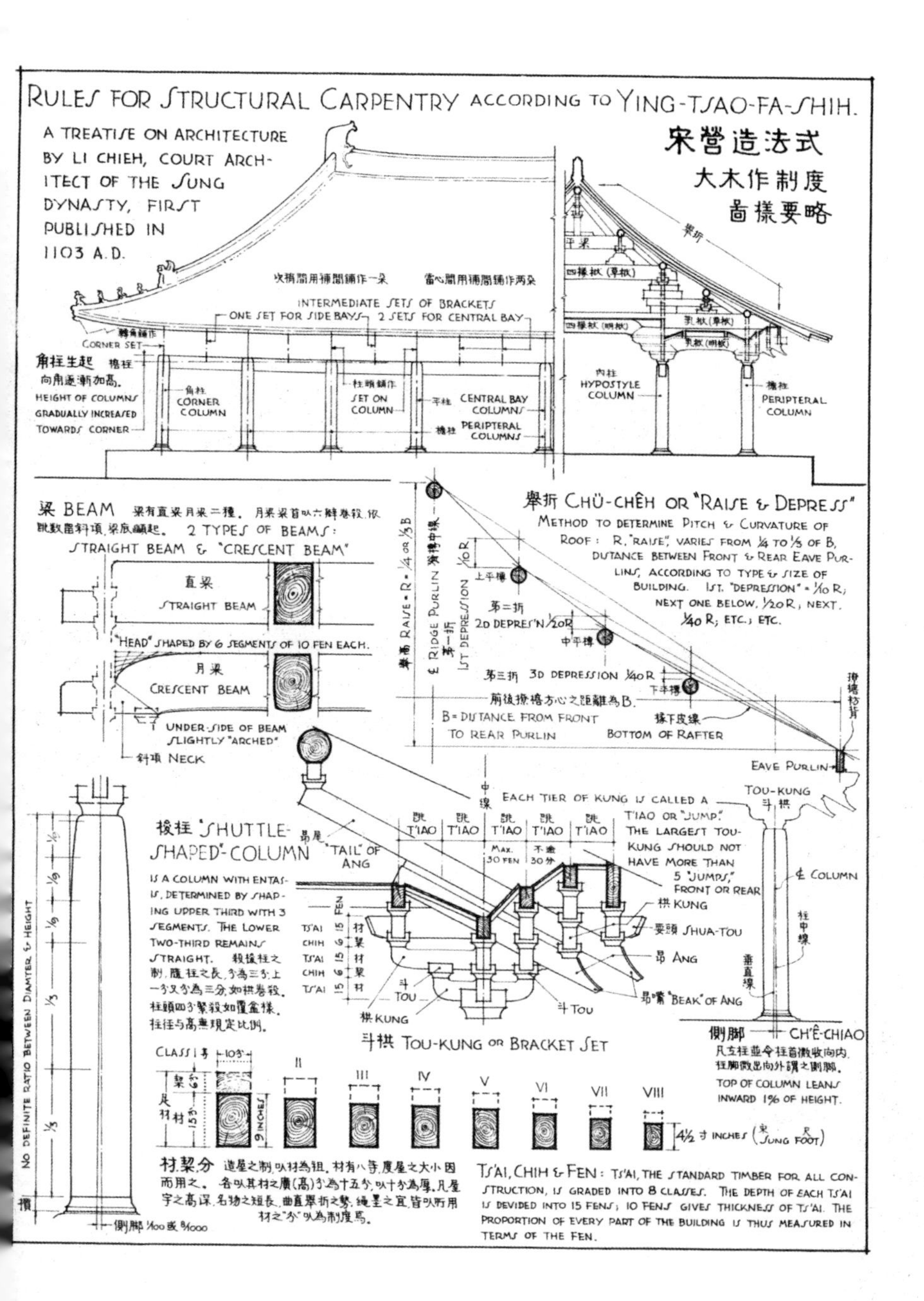

宋《营造法式》大木作制度图样要略（梁思成绘制）

第五章

恢弘与繁丽

——元明清建筑

元代建筑继承宋、金的传统，在规模与质量上不及前代，但宗教建筑颇具特色。明清两代先后建造了南京、北京两座都城和宫殿，恢复、修整了大量地方城市，订立了各类型建筑的等级标准，为中国建筑史做了一个辉煌的总结。尤其是明代，堪称中国古代继汉、唐以后的最后一个建筑发展高峰。清代中叶以后，官式建筑由成熟转为程式化，建筑风格走向拘谨繁琐，但在园林和民居建筑上获得了突出的成就。这是中国古代建筑持续发展的阶段，虽然在某些方面有渐趋衰落的迹象。

元代宗教建筑

元代的木构架建筑设计继承了宋、金的传统，但在规模与质量上都不及前代。元代的大都是继隋唐长安以后，按严整的规划设计建造起来的又一大都城，是当时世界最大的都市之一。明清两朝的北京城就是在元大都的基础上改造、扩建而成的。然而，元代建筑中最具特色的还是宗教建筑。

由于元朝疆域扩大，对外交流频繁，各种宗教并存发展，因此宗教建筑异常兴盛，外来建筑风格随之传入内地。尤其是元朝大力提倡的藏传佛教（喇嘛教）建筑，不仅在西藏大有发展，在内地也多有出现，现存的北京妙应寺白塔就属于藏式佛塔。

北京妙应寺白塔　妙应寺白塔位于今北京阜成门内，始建于至元九年（1272），原是元大都圣寿万安寺中的佛塔。该寺规制宏丽，于至元二十五年（1288）竣工。寺内佛像、窗、壁都以黄金装饰，元世祖忽必烈及太子真金的遗像也在寺内神御殿供奉祭祀。至正二十八年（1368）寺毁于火，而白塔得以保存。明代重

北京妙应寺白塔

建庙宇，改称妙应寺。白塔为砖石结构，由尼泊尔人阿尼哥设计建造。阿尼哥擅长铸造佛像，初随本国匠人去西藏监造黄金塔，后随帝师八思巴入元大都。他除了造圣寿万安寺白塔外，还造了五台山大塔院白塔。妙应寺白塔用砖砌成，外抹白灰，总高约51米。塔的外观由塔基、塔身、相轮、伞盖、宝瓶等组成。塔基平面呈正方四边再外凸的形状，由上下两层须弥座相叠而成，塔基上有一圈硕大的莲瓣承托着向下略收的塔身，再上为十三重相轮，称“十三天”，象征佛教十三重天界。塔顶以伞盖和宝瓶作结束，伞盖四周缀以流苏与风铎。

元时，在大都、新疆、云南及东南地区的一些城市，还陆续兴建了西亚风格的伊斯兰教礼拜寺。建于1281年的杭州凤凰寺和

山西永乐宫三清殿

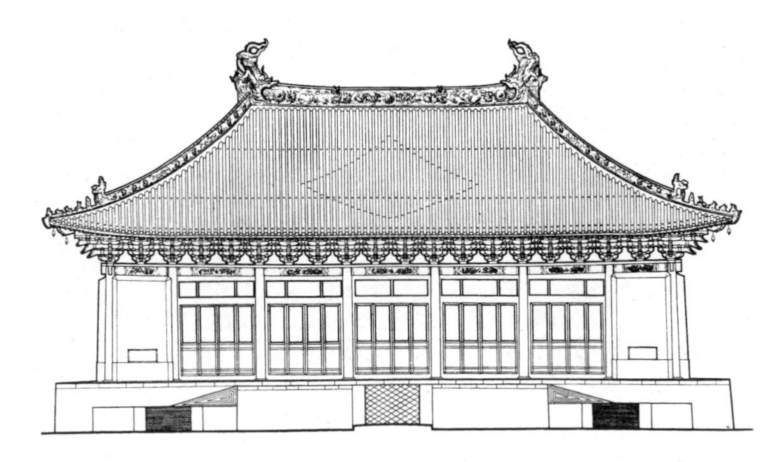

山西永乐宫三清殿正立面图

建于1346年的泉州清净寺是阿拉伯式样。这些外来建筑形式已开始与内地建筑形式结合，互相影响，互相吸取，在明清两代进一步发展。

永乐宫　道教建筑永乐宫，是为奉祀中国古代道教“八洞神仙”之一的吕洞宾而建，原名“大纯阳万寿宫”，因原建在芮城县永乐镇而被称为永乐宫。后来由于修建三门峡水库（原址将被水淹），1959年迁至山西芮城。现存永乐宫自南至北分别为山门、无极之门、三清殿、纯阳殿、重阳殿。永乐宫既是现存最早的道教宫观，也是保存最完整的元代建筑。其中三清殿是永乐宫的主要建筑，殿内四壁及神龛内的壁画绘于13世纪，线条流畅，构图饱满，那就是著名的《朝元图》。

元代永乐宫壁画《朝元图》（局部）

明清建筑

明清建筑是继承秦汉和唐宋建筑之后，中国古代建筑发展的又一个高峰。在宫殿、坛庙、宗教建筑、民居和园林设计等方面成就突出，不少建筑完好地保存至今。

明清都城、宫殿和坛庙建筑

明清时期，宫苑规模庞大，宗教建筑和祠祀建筑大批兴建。北京故宫是明清两代不断营造的结果，是中国现存最大的古建筑群。故宫规模宏伟，布局严整，主次分明，象征着王权的至高无上。

北京城　朱元璋于洪武元年（1368）建立明朝，定都南京。此地在历史上曾称建业、建康、金陵，明代始称南京。洪武三十一年（1398）朱元璋病逝，其孙朱允炆即位，称建文帝。不久，燕王朱棣（朱元璋之子）与之相争，南京大乱。后来朱棣夺得政权，并决定迁都北京。明永乐四年（1406）宣布，自次年开始营建北京。永乐十八年（1420），都城建设基本完成。第二年，明成祖朱棣在北京称帝。明崇祯十七年（1644），清兵入关，入主中原，建立清朝，也定都北京，并把明代的北京城及宫廷殿宇几乎原封不动地保留下来，仅改了建筑的名称及一些细部。

北京分外城、内城、皇城三重，皇城之中还有宫城，即紫禁城。外城共七个城门：东便门、广渠门、左安门、永定门、右安门、广宁门（清代改为广安门）、西便门。内城共九个：东直门、朝阳门、崇文门、正阳门、宣武门、阜成门、西直门、德胜门、安定门。

皇城在内城的中间南侧，周长18里，南为大明门，其两角门为长安左门和长安右门，东为东安门，西为西安门，北为北安门，大明门往北为户部、礼部、兵部、工部、鸿胪寺、钦天监等，西魏五军都督府、太常寺、通政使司和锦衣卫等，其北为皇城正门承天门（今天安门），前设金水桥、华表、石狮等。其中，华表是明代永乐年间所立。

紫禁城　明代皇宫，皇城内是紫禁城。此城周长6里，城高10米，里外均为砖砌，碧水环城，四隅建有高耸的角楼。宫城四面开门，南为午门，北为宣武门（清代改为神武门），两侧为东华门和西华门。

午门内是“外朝”，有奉天殿、华盖殿、谨身殿，谓之“三大殿”，两边有文华、武英二殿。三大殿曾三次遭火灾，三次重建。重建后改名为皇极殿、中极殿、建极殿。到了清代更名为太和殿、中和殿、保和殿。此三殿又名“前三殿”。

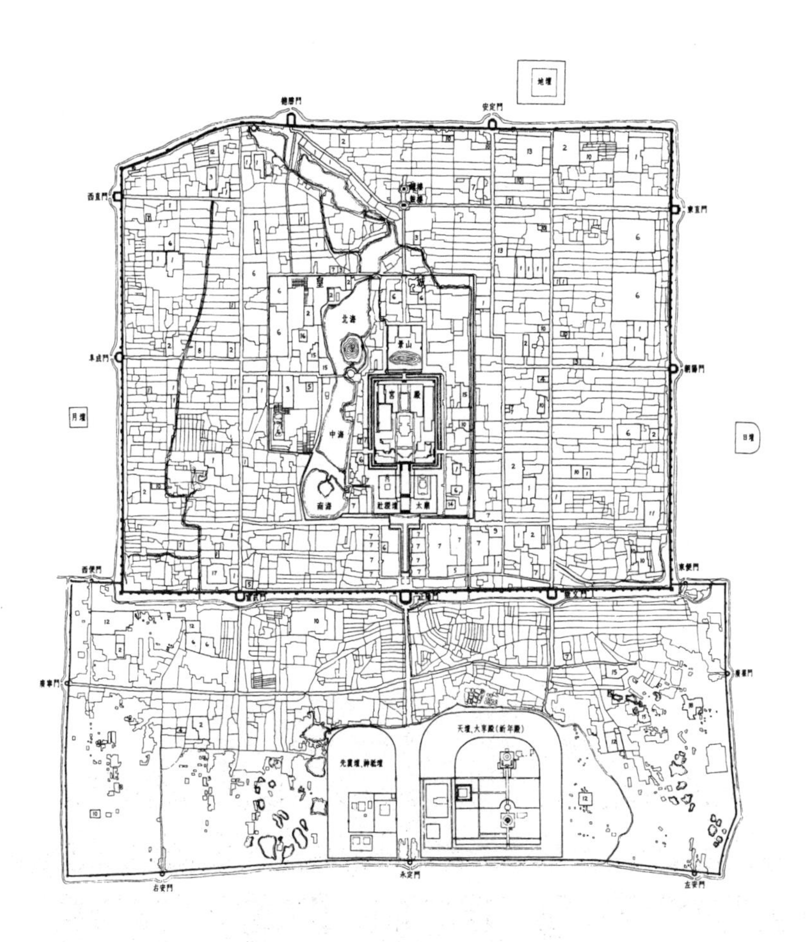

清代北京城平面示意图（乾隆时期）

太和殿是皇帝举行各种典礼之所，是当时全国规制最高的建筑。太和殿面阔十一间，进深五间，庑殿二重檐屋顶，上铺黄色琉璃瓦。屋角走兽数量也最多，共有10个。此殿设在三层汉白玉台基上，气度非凡。太和殿后面是中和殿，这里是举行《玉牒》（皇室谱系）告成仪式之处，也是大臣们等候上朝和科举殿试之所。

出保和殿，其北是乾清门，门里面是“后三殿”，即乾清宫、交泰殿、坤宁宫。乾清宫是皇帝日常理政的地方。交泰殿在

北京故宫太和殿（王珽 摄）

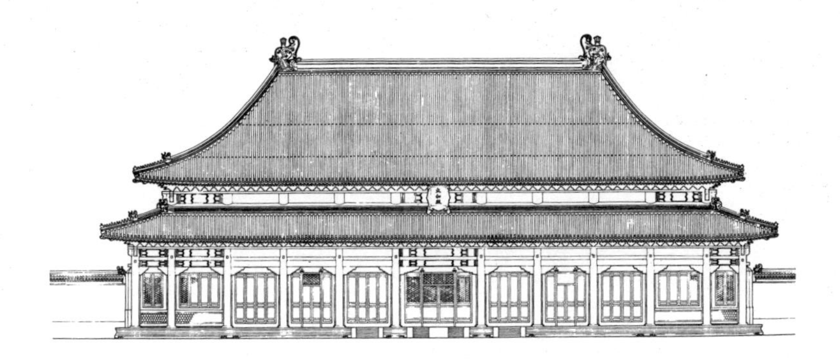

北京故宫太和殿正立面图

清代是封皇后，授皇后“册”“宝”仪式及藏宝玺之所。坤宁宫是皇帝、皇后生活起居的地方。但自雍正以后，皇帝生活起居及理政等均在养心殿。此殿位于乾清门西侧，在这里前三殿和后三殿均可照应。

天坛　坛庙是祭礼天地、祖先的场所，包括坛、庙、祠等建筑。现存的北京天坛是其中的杰出代表。

北京古代有东西南北四庙，东为日坛，西为月坛，南为天坛，北为地坛。其中以天坛最为著名。天坛建成于明永乐十八年（1420），称“天地坛”，于嘉靖十三年（1534）改为天坛。

这里的主要建筑有三座，即祈年殿、皇穹宇和圜丘。祈年殿在天坛的北端，平面圆形，屋顶为圆攒尖三重檐，象征天圆地方。祈年殿中央四根大柱，象征一年四季，外圈两排柱子，各12根，分别代表12个月和12个时辰。皇帝大年初一在此祭天。

祈年殿之南为皇穹宇，是存放皇帝祭天牌位的地方。皇穹宇

北京天坛祈年殿

的平面也是圆形的，单檐圆攒尖屋顶。建筑的外面有圆形围墙，即“回音壁”。

天坛最南端的建筑是圜丘。皇帝每年冬至要来这里祭天。三层圆坛，各层栏板望柱及台阶数均用阳数（又称“天数”，即9和9的倍数），坛面石除中心是圆石外，外围各圈均为扇形，数目也都是9的倍数。

明清佛塔

明清众多佛塔遗存中，高层楼阁式砖塔较为普遍，密檐塔很少见。从建筑材料上说，塔有木塔、石塔、砖塔等，而琉璃砖塔则是古塔中较为珍贵的一种形式。

广胜上寺飞虹塔　山西洪洞县广胜上寺飞虹塔建于明正德十年至嘉靖六年（1515–1527），是一座典型的明代楼阁式琉璃塔。飞虹塔整体呈八角形，全部由砖砌筑，十三层，通高47米。塔身自下而上，逐层收缩。塔顶为宝瓶顶，造型优美流畅。此塔最为人称道之处是，从第二层开始，塔的外表镶嵌着赤、橙、黄、绿、青、蓝、紫七色的琉璃构件，有斗栱、望柱、角柱、莲花、佛像、鸟兽等，色彩绚丽，形式多样，一层一组，精美豪华，富丽堂皇。除了美丽的琉璃件外，在每层的各个檐角悬挂铜铃，微风吹过，铃儿应风而动，活泼灵巧，清音悦耳，妙不可言。

山西洪洞县广胜上寺飞虹塔

山西洪洞县广胜上寺飞虹塔（局部）

除常见的楼阁式砖塔外，佛塔在明代还出现了一种新塔型——金刚宝座塔。虽然“金刚宝座塔”在敦煌石窟隋代壁画中已经出现，但实物最早的却见于明代。这种塔的基本型体肇源于印度，但到中国以后发生了很大的变化。特别是装饰中掺入大量藏传佛教的题材和风格。中国现存的金刚宝座塔仅有十余座，明代所建的真觉寺金刚宝座塔和清代所建的西黄寺清净化城塔是其中的典型。

真觉寺金刚宝座塔　北京真觉寺金刚宝座塔是这类塔中最早

的实物，建于明成化九年（1473）。宝座上的五座塔在高度上相差无几，中间的略高，约8米，共十三层，其余四塔高约7米，都是十一层。五塔分别代表东、西、南、北、中“五智如来”。五座塔都采用了唐代的四方形密檐塔形式。塔身里面用砖砌成，外面是青白色的石条。在塔座出入口的上方，设置有罩亭，用来遮风避雨。须弥座束腰处雕刻着题材十分广泛的浮雕图案，线条简练、流畅，形象憨态可掬。须弥座的上、下枋上，雕刻着仰俯莲花瓣。莲花瓣整齐对称，优美生动。

西黄寺清净化城塔　北京西黄寺清净化城塔是金刚宝座塔中的另一种式样，建于清乾隆四十七年（1782）。基座较矮，共两层。座上正中建一高大的石喇嘛塔，四隅配以四座八角小石塔。小塔上遍刻经文。第一层基座前后各有一座石牌坊。整个塔群雕刻不多，以多变的体型造就了华丽的风格。

傣族佛塔　云南傣族的佛塔群也是明清时期重要的一种形式。位于潞西县风平的大佛殿重建于清雍正三年（1725），其中有两座典型的傣族佛塔——熊金塔、曼殊曼塔。塔下有复杂的亚字形基座，塔身比例修长，周围以小塔和怪兽陪衬。多变的轮廓和丰富的雕饰，使这种形式的佛塔显得异常美丽夺目。再比如云南景洪曼飞龙塔，始建于清乾隆年间（1736–1795），塔基为八角形须弥座，沿须弥座外周建八个佛龛，雕饰华丽。须弥座主塔的周围拥立着八座小塔。洁白的塔身，金色的塔尖，宛如玉笋破土而出。曼飞龙塔的造型挺拔秀丽，韵律节奏丰富，组合得体，蔚为壮观。

北京真觉寺塔

云南景洪曼飞龙塔

明清佛教寺院

由于清朝统治者的提倡，大批藏式寺庙建筑得以兴建，其中以西藏拉萨布达拉宫、日喀则的扎什伦布寺和河北承德避暑山庄的“外八庙”（清廷为加强民族团结，仿各兄弟民族著名建筑，在避暑山庄附近修建的八座皇家寺庙）为典型，是当时民族设计文化互相交融的反映。

拉卜楞寺闻思学院　甘肃夏河的拉卜楞寺始建于清康熙四十八年（1709），是一组规模宏大的建筑群。其中的闻思学院是典型的札仓建筑，由庭院、前廊、经堂和佛殿组成。经堂可容纳四千喇嘛念经，以中部凸起的天窗采光。经堂和佛殿内满挂彩色幡帷，柱上裹以彩色毡毯，在幽暗的光线中显得非常神秘、压抑，形成藏传佛教建筑特有的气氛。

布达拉宫　西藏拉萨的布达拉宫是一组大型寺院建筑群，始建于公元七世纪松赞干布王时，现在的建筑是清顺治二年（1645）五世达赖喇嘛时期建造的，工程历时五十年。

布达拉宫缘山而建，高达200余米，外观十三层，实际为九层。主体建筑分两部分：“红宫”是大经堂和大殿；“白宫”是寝室、会客厅、餐厅、办公室、仓库及经堂。在主体建筑之前有一片6万平方米的平坦地带，其中布置了印经院、管理机构、守卫室及监狱。围绕全宫有很厚的石城墙及城门。布达拉宫利用山峰修筑建筑，高耸的主体建筑位于山顶，控制全部建筑群，是非常成功的艺术处理。

普陀宗乘　在承德避暑山庄的“外八庙”中，普陀宗乘最具

西藏拉萨布达拉宫

代表性。乾隆三十二年（1767），乾隆六十大寿，皇太后八十大寿，此建筑是当时为接待国内各少数民族王公贵族而建，是外八庙中规模最大的一座。普陀宗乘坐落在山坡上，地势南低北高，故更具雄伟感。山门前有五孔桥，门内建有巨大的碑亭，内有乾隆御笔石碑三统。亭北是五塔门，殿阁楼台前后错落。大红台高达25米，位于17米高的白台上，气势宏伟。

明清官式建筑的特征

明代不仅修建了南京、北京两座都城和宫殿，而且恢复、修整了大量地方城市，还订立了各类建筑的等级标准。明中期增修长城，给有两千年历史的伟大工程做了一个辉煌的总结。明代堪称中国古代继汉、唐以后的最后一个建筑发展高峰。

承德避暑山庄普陀宗乘

清初在明的基础上继续发展，但中叶以后官式建筑由成熟定型转为程式化。清雍正十二年颁行的《工程做法则例》，列举了27种建筑物的各种构件的准确尺寸与作法，并对斗栱、装修、石作、瓦作、土作等作法和用工用料都作了规定。这样虽然可以加快设计施工的进度，但却不利于建筑设计的多样化发展。官式建筑装饰日趋繁缛，雕梁画栋，富丽堂皇，繁密的斗栱更多是作为华丽的装饰构件而存在，建筑色彩设计也已制度化。建筑风格由开朗规整转为拘谨，由重总体效果转到倾向于过分装饰，构架由井然有序、尺度适当转为呆板痴重。

与此相反，明清时期民间建筑类型则非常丰富，各地均有地方风格的建筑设计，建筑数量与质量均有所提高，汉族以外各民族的建筑设计也都有所发展。园林设计达到了历史的顶峰。

总体而言，明清建筑设计的成就不在于对前代建筑设计的变革性发展，而是对中国古代建筑设计的一次全面总结。

明清民居

明清时期，传统民居丰富多样，这与我国疆域辽阔、地形复杂、气候多样，再加上民族众多、文化各异有关。以下从地域出发，对特征鲜明的民居类型作简要例举。

四合院 四合院形成的年代很早，可以上溯到先秦，但直到明代，其形式才固定下来。这种住宅形制，无论在应用上，结构布局上，还是在材料的选用上，都已基本定型。最典型的是三进四合院，有一条南北向的中轴线。它的入口一般布置在东南角

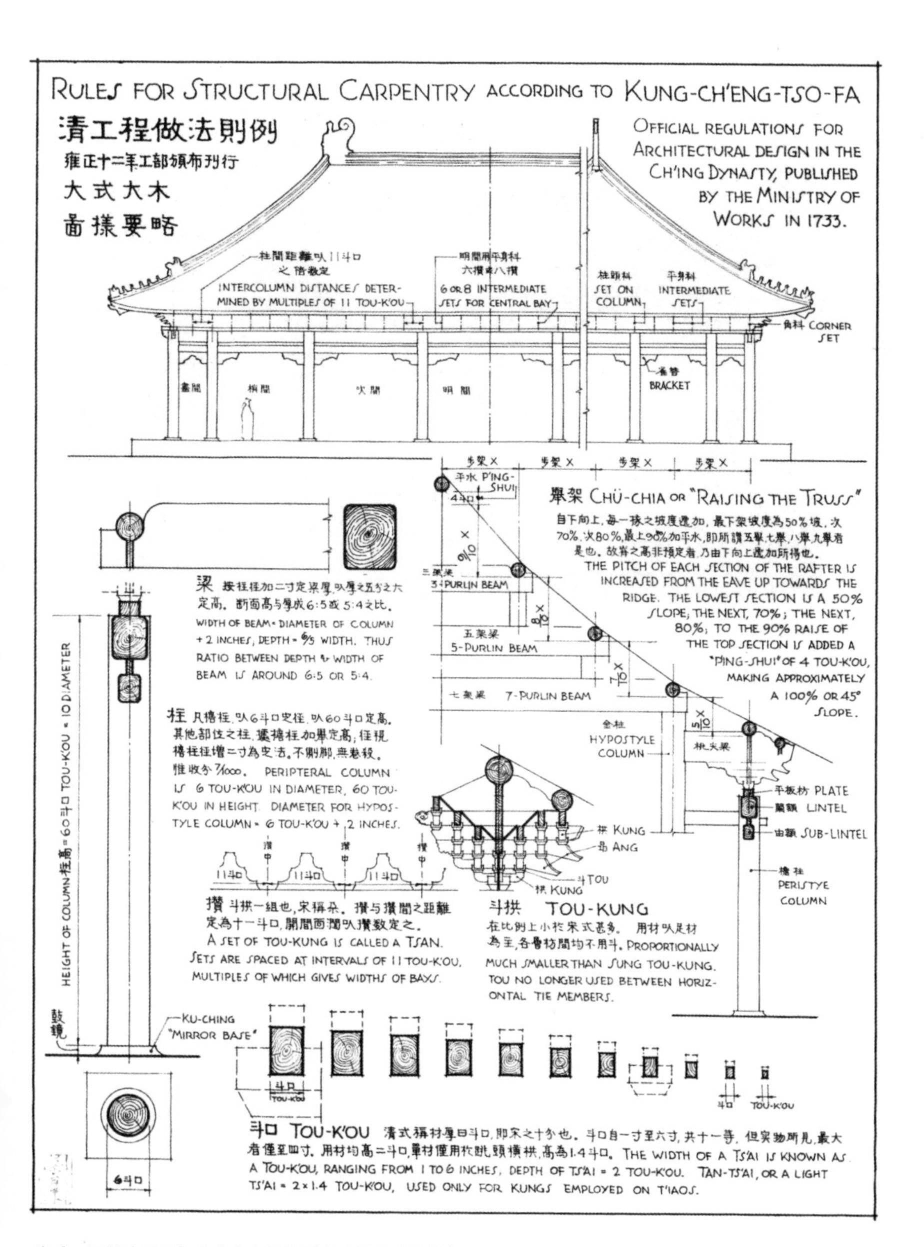

清《工程做法则例》大式大木图样要略（梁思成绘制）

山西祁县乔家堡乔宅二号院

上，这样做符合民俗习性，符合“紫气东来”“寿比南山”的说法。进入宅门，迎面一块影壁，壁上饰有精致的砖雕图案。有的在影壁前还放一些盆栽花卉，使空气富有生气。影壁在空间上还起到轴线转折的作用。

进入宅内，是一个小而狭的院子，南侧有一排朝北的房子，称“倒座”，是仆人住的地方，也可供来客过夜。小院北面有一垛墙，正中（宅的中轴线）有一门，装饰华丽，叫垂花门，门内一个大院，即宅的主院。正中北首为主厅，中轴线贯穿其中。然后是后院，院北正中是正房，长辈居住。院子的东、西两边为厢房，晚辈居住。

纳西族民居院落

江南水乡民居 江南，又称江东、江左，指长江三角洲、太湖流域和钱塘江流域一带，是典型的鱼米之乡，气候宜人，地势旷奥相间。这里人文璀璨，钟灵毓秀。江南民居贵在近水，好多民居临河而建，所谓“小桥流水人家”，如苏州、绍兴等地的住宅。以绍兴的民居为例，就是比较典型的江南临河建筑。一般主楼三间，二层，前有院子，后为“水后门”，有一个似廊的空间，柱间设坐凳栏杆，在此可歇息观景。有踏级可至河，在此淘米、洗菜、洗衣等。

皖南民居 皖南山川秀丽，风光旖旎。这里的人文特点有二：一是官僚多，封建礼教比较重；二是商贾多，即徽商兴盛。建筑以民居村落见长，村落布局依山傍水，环境清幽。民居宅

徽州民居（之一）

徽州民居（之二）

舍，多为粉墙黛瓦，素雅秀美。

皖南民居的平面布局，一般是大门里面一个天井，然后是半开敞的堂屋，左右厢房，堂屋后面是楼梯、厨房等；有的宅舍，楼梯设在厢房与正屋之间。上楼一圈走马廊，楼上楼下布局基本相同。这种住宅，天井小而高，有“坐井观天”之感，但天井布置比较高雅，有石凳、石池、盆栽等。

皖南民居的外形虽然比较封闭，但粉墙黛瓦，特别是那层层上叠的马头山墙，高低错落，精美秀雅。

窑洞　窑洞分布在河南、山西、陕西沿黄河一带。这里土层

安徽民居　之三

陕北窑洞

很厚，人们挖土为洞，作为居住空间。窑洞具有结构简单，施工方便的特点。窑洞上厚厚的黄土层，能起到保温、隔热的作用，在窑洞中冬暖夏凉。窑洞一般宽约3米，深约5米；最深的达20余米，分前后室，前室为堂屋、厨房，后室为卧室。为了增加使用空间，有的窑洞在壁上再挖龛，设炕床。

窑洞式民居虽然建筑形式与其他民居有所不同，但从住宅的空间组合来看，仍不失传统民居格局。许多窑洞都采用下沉式院落形式，在三面或四面土壁上挖洞，其空间关系很像四合院住宅。

福建民居　福建、广东、江西一带，住着许多客家人。相传

福建圆形土楼

福建永定五凤楼

他们是因北方战乱而逃至此地。他们聚族而居，建造庞大的圆形房屋，大的直径达70余米，一般为4层，一圈住几十户人家。中间是院子，院子中央有单层的小房间，是祖堂。每家底层是杂屋，二层是粮仓，三、四层是起居室和卧室。环内有一圈走马廊，共设4座楼梯，分别设于东北、东南、西南、西北。全楼只有一个大门，位于宅南。土楼坚实雄伟，像一座大型的堡垒。另外，闽西客家地区还有一种结合山地而建的集居住宅形式——五凤楼。因两旁横屋屋面层层叠起，屋脊多如鸟翼，故取名五凤楼。五凤楼民居依坡而建，外观粗犷稳重。

四川民居　四川民居的特点是地面有高差，根据不同的高差做出各种不同的建筑形式，有“台”“挑”“拖”“破”“梭”等。台，用于坡度较陡的地方，像开凿梯田一样，把坡面一层层地削成水平的面，逐层提高，形成一个宽广的平台，并建屋，一台一进屋，多进住宅就用多个这样的平台。由此，建筑物便按等高线方向布置，一般选择面阳的山坡。川东、川南诸地，这种形式的民居较多。挑，用于地形偏窄的地方，在楼层做挑檐或挑廊，以扩大室内空间。一般来说，城镇中的住宅，这种形式的较多，特别是沿街的民宅。拖，用于山坡比较平坦的地方，将建筑物按垂直等高线的方向顺坡分级建造。这种做法一般用于民宅中的厢房，屋顶呈阶梯状，也较别致。坡，与“拖”差不多，房屋也按垂直于等高线方向顺坡建造，但坡度比“拖”更平，仅将室内地面分出若干不同的高度，屋面保持连续整体，不分级。梭，是将房屋的屋顶向后拉长，形成前高后低的坡屋。多用于厢房，可以一间梭下，也可以全部梭下。当厢房平行于等高线时，梭厢

四川福宝古镇

地面低于厢房地面，则可以梭下很远。这部分往往只用作堆放杂物、畜养牲口。还有吊脚楼，由于地面坡度较陡，所以房屋在低处要用柱子撑起来。这种吊脚楼在重庆一带最多。

云南民居　云南是个多民族地区，除了汉族外，还有白族、彝族、哈尼族、壮族、傣族、苗族等少数民族，他们的民居各不相同。在此以傣族民居为例。傣族聚居在云南的西南部，其中以西双版纳地区最为集中。这一带气候炎热而潮湿（属热带季风气候），一年仅有两季：雨季和旱季。雨季大约出现在每年的5—10月，这段时间几乎天天下雨，因此他们的房子既要防雨又要防

云南丽江古城

云南纳西族民居

潮，屋顶做得很尖，使雨水排得快，以免漏水；又做成高架形式，防止地面潮湿。多数傣族民居在楼上做外廊或平台。这种建筑一般是用竹子做的，所以称为傣族竹楼。

藏族民居　藏族分布在西藏、青海、甘肃等地，他们的住宅别具一格，大多数的传统藏族民居，一般有三到四层，平面方形，外墙厚实。这里雨水很少，所以屋顶多为平顶。整体看上去

云南傣族民居

藏族民居

像碉堡，故称藏族“碉房”。

新疆维吾尔族民居　这种住宅有很厚的土墙，用砖或土拱顶，墙和门窗上作出细密花纹。宅边多有晾葡萄的凉棚。

蒙古包　毡包房又称蒙古包，古人称“穹庐”，是一种圆形的房屋。这种建筑形式由来已久。《后汉书》中说：“随水草放牧，居住无常，以穹庐为舍，东开向日。”蒙古包一般为圆形平面，直径约4-6米，用木棍竖起来，外面包裹羊毡。

新疆维吾尔族民居

明清园林

明清时期造园风盛，留存至今的园林较多，设计成就也最高。明清皇家园林大都在北京一带。明代在元大都太液池的基础上建成西苑（今北海、中海），并扩大西苑水面，开辟南海。在清代康熙、乾隆年间，曾掀起皇家园林设计建造的高潮，在北京筑有“三山五园”，即万寿山清漪园（后改名颐和园）、玉泉山静明园、香山静宜园以及圆明园（包括圆明、长春、万春三园），在河北承德建有避暑山庄。现存仅避暑山庄和重修后的颐和园较为完整，其余大部分毁于1860年英法联军和1900年八国联军的侵略者之手。

从现今遗存的明清皇家园林来看，要算北京的颐和园和北海最为典型，且保存完整。

颐和园　颐和园位于北京西北郊，这里早在金代时就已是皇帝的行宫，明代建皇家园林“好山园”，其中山叫瓮山，湖叫西湖。清代乾隆年间，皇帝为母亲做六十大寿，于是就在此大兴土木，在瓮山上建造高达九层的大报恩延寿寺，并将瓮山改为万寿山，又整治、扩大西湖，并改名为昆明湖。整座园林之名则改为清漪园。1869年，清漪园被英法联军所毁。光绪十四年（1888），慈禧太后挪用海军经费修复此园，并改名为颐和园。此园规模甚大，面积达290万平方米，其中四分之三是水面。陆地包括平地和山峦。主峰万寿山，高60余米。整座园分为四个景区：朝廷宫室，包括东宫门、仁寿殿和一些居住、供应等建筑；万寿山前山；湖区；万寿山后山和后湖。

北京颐和园

颐和园万寿山佛香阁

颐和园长廊

朝廷宫室景区以建筑物为主。主要建筑为仁寿殿，是皇帝处理政事、召见群臣的地方。乐寿殿，是皇帝的住处，德和楼是大戏台。另外还有许多建筑，各自成院落。

第二个景区是万寿山前山，以万寿山上的最高建筑佛香阁为主，是全园的主景。以这个建筑为中心，有一条南北向的中轴线，南起湖边的“云辉玉宇”牌楼，向北是排云殿，后面是高台，台上即佛香阁，此阁平面呈八边形，共四层，顶为攒尖顶。在佛香阁以北是一个藏式寺院“慧海寺”。万寿山前山还有一些重要的建筑，包括廊舫檐柱上绘有彩画的长廊，和位于排云殿西之半山腰的“画中游”（在此观景，似置身图画中）等。

第三个景区是后山、后湖，包括苏州街、谐趣园等。万寿山后湖的对面是苏州街，这里有许多店铺，如茶楼、酒肆、古玩及书斋等，仿苏州特色。乾隆皇帝对江南文化情有独钟。谐趣园是个小园，也是乾隆皇帝酷爱江南园林之作。这里是皇帝和大臣们的“游乐场”。园仿无锡寄畅园，内有荷池、知春亭、知鱼桥、知春堂、兰亭、涵远堂及澄爽斋等。

最后的景区为湖区。这里有昆明湖、南湖、西湖，还有西堤六桥、十七孔桥、八角亭、龙王庙等。总的来说，湖区景致疏朗，故全园之景有疏有密，合乎造园手法。

北海　北海位于北京紫禁城和景山的西面，是北京城内规模很大的一处皇家园林，面积有70多万平方米，其历史至今已有800多年。北海的建筑，总体布局以琼华岛上的白塔为中心，岛的四处散布着数十座殿、堂、屋、轩、亭、台、楼、阁，有的以廊相连，有的洞室相通，上下错叠，曲折有致。在北海的东、北两岸

北海琼华岛

上还散布着多处建筑群：濠濮间、画舫斋隐蔽在山后绿林之中；五龙亭临水并列；静心斋自成一体为园中之园。人工经营的众多建筑和自然山水组成一座绮丽的皇家园林。

琼华岛南面有一座佛教寺院永安寺。经过石桥和堆云积翠牌楼，由山麓到山顶依次排列着多座殿堂，最上面是白塔。白塔建于清顺治八年（1651），是一座喇嘛塔，白色塔身上有红色台门，塔顶有铜质伞盖和鎏金火焰珠宝的塔刹。白塔高耸于山顶，成为北海四面风景的构图中心。

北海白塔

在北海北岸的西部，原有一所阐福寺（现已毁坏），寺前临水建有五座座亭，中为龙泽亭，东为澄祥亭和滋香亭，西为涌瑞亭和浮翠亭，合称五龙亭，亭间有石桥相连，为北海北岸重要一景。五龙亭临水而建，自北岸东望，近处有错落的屋顶，曲折的石栏，远处遥见景山和山上的万春、富览诸亭，春波荡漾，一派园林风光。

北海内自五龙亭东望景山

苏州拙政园廊桥

明清私家园林主要集中在江南苏州、南京、扬州和杭州一带，尤以苏州为盛，广州地区则有独具岭南风格的园林。著名的明清私家园林主要有苏州拙政园、留园、沧浪亭，无锡寄畅园等。

拙政园 苏州的拙政园，位于今苏州市内的东北，建于明代正德年间（1506–1621），是御史王献臣的私家花园。此园占地5.2万平方米，在私家园林中属于大型园林。此园以水面为主，楼台亭榭多临水而建，整个园如同浮于水面之上，有明净、幽逸之感。拙政园分东、中、西三部分。从现今园门入，先是东园，然后往西，进入中部，这里是园的主体部分，其中水面占三分之一，建筑多集中在园的南侧。西部景区主要建筑有十八曼陀罗花

苏州拙政园远香堂

馆和三十六鸳鸯馆，两馆一前一后合在一屋。另外还有留听阁，此名取意于唐代诗人李商隐的诗句“留得残荷听雨声”，池上有荷，意境非凡。还有倒影楼，此楼下面叫拜文揖沈之斋，是纪念明代画家文徵明、沈周之意。

留园　留园原名为寒碧庄，是清嘉庆三年（1798）在明徐氏东园的废基上重建的，光绪二年（1876）起又增建东、北、西三部分，改名留园。寒碧庄原位于当时住宅的西北，由若干组庭院和池山组成，林木森茂，富于自然意趣。自住宅入园，先至东侧的小院揖峰轩，庭中布置太湖石峰，周围以曲折的回廊，分割为若干小空间，其间点缀树石花竹，宛然一幅幅精美的小品画，

苏州留园冠云峰

是小型庭园布局的杰作。再西，转折至传经堂，内部装修和家具是江南厅堂布置的典型。庭中有气势雄厚的湖石峰峦，整个格局和揖峰轩的玲珑幽静恰成明显的对照。自揖峰轩和传经堂以北，还有几处庭院和回廊，并有楼阁可以俯瞰全园。在这些不同大小和不同环境意趣的庭园组群之西，以山池构成园中的主要景区。中央池水明静，倒影极佳。西北两侧是连绵起伏的假山，石峰林立，间以溪谷，池岸陡峭，构图原则大体受了宋元以来山水画的影响。池东南两侧则是高低虚实互相错落的厅、楼、廊、轩、亭等建筑，不仅富于变化，且面向水池，组成与西北山林相对比的画面。其中寒碧山房与明瑟楼是宴游的场所，而垂阴池馆与绿荫或位于水湾，或与池中小岛割出的小水面相接，以达到完整的环境中各有局部的特色。东南角环以走廊，临池一面建各种形式的空窗、漏室，使园景半露现于窗洞中，其另一面则布置花台小院，使游览过程中左右逢源、变化丰富。

寄畅园　无锡寄畅园是江南著名的山麓别墅园林，以精湛的造园艺术和独特的风格著称于世。寄畅园最初是明正德年间（1506–1521）兵部尚书秦金的别墅，到明万历十九年（1591），由秦金的后代秦耀经营建造为寄畅园，后又经秦家后人数次修整。它既具有江南园林曲折宛转、妙造自然的特色，又因巧借山造园、融合自然而具有了古朴清旷的独特韵味。

苏州留园清风池馆

无锡寄畅园

《园冶》 这是一部关于造园的经典之作。明清之际出现了专门从事园林设计的专家，明末的计成就是十分重要的一位。计成，字无否，他在总结造园实践经验的基础上，著成《园冶》一书。这是我国古代最系统的园林设计论著，阐释了明代江南私家园林的设计理念、原则和手法，在设计史和美学史上都有极其宝贵的价值。《园冶》提出“相地合宜，构园得体”的造园理念，“巧于因借，精于体宜”的设计思维和“虽由人作，宛自天开”的总体原则，反映了江南文人自由清雅，闲逸脱尘的审美价值取向。《园冶》倡导的诗情画意、情景交融的园林范式，在后世广为传播。

中国古典园林的特点

中国古代的园林设计，不管是皇家园林或是私家园林，也不论早期后期，在设计上都有一些共通的特点。

首先，中国园林设计注重自然美。中国园林以山、水、植物和建筑作为基本的设计因素，这些因素的设计构成有“因借”（因地制宜、借景）之法而无固定程式，即有法无式，布局自然，随机应变。所有园林虽大都为人工营造，但却力图摆脱人工雕琢的痕迹，使之恍若天成，造成“虽由人作，宛自天开”的境界。建筑是园林重要的组成部分，但园林中的建筑不追求过于人

绍兴东湖

工化的规整格局，而是根据不同的山水之景设计出亭、榭、廊、桥、舫、厅、堂、台、楼、阁等，与山水自然融合，与整个园林谐调。

其次，中国园林十分强调曲折多变。无论皇家园林还是私家园林，都追求“以有限面积造无限空间”，因而在设计布局上常常划分若干景区，各景区的面积大小和配合方式力求疏密相间，主次分明，幽曲和开朗相结合。各景区的设计，有的以封闭为主，有的用封闭和空间流通相结合的手法，使山、池、建筑和花木的部署有开有合，互相穿插，以增加各景区的联系和风景的层次。同时，山、池、建筑的形状和花木品种的配置亦尽量做到多样化，使人们从这一景区转入另一景区时，有移步易景、变化无穷的感觉。而且，这种园林风景设计上的复杂多变，同时达到了“体宜”（得体）的效果，而无丝毫杂乱无章之感。这与崇尚修饰、追求对称划一的西方园林设计是截然不同的作法。

再者，中国园林设计崇尚意境。设计不止满足于对自然美景的仿造，更追求诗情画意之境界的创造，借以寄托游园者的思想情怀。例如一池三岛，寄托了对于海外仙山的幻想；朱柱碧瓦，显示了帝王之家的富贵；暗香盈袖，月色满园，表达了对于安宁闲适生活的向往；岸芷汀兰，纤桥野亭，体现了远离尘世喧嚣的追求等。园林意境的创造，主要依靠设计者对园林的整体和局部、宏观和微观的精心设计、巧妙安排，因而设计者的素质修养成为关键的因素，所谓“三分匠，七分主人”。同时还可借助联想寓意、匾联点题等手法，使主题明朗，意境深化。

中国园林设计以其曲折多变的造型和自然野逸的意趣，在

苏州艺圃西南隅小院

世界园林设计史上享有崇高的地位。早在七八世纪已传到日本，十八世纪又远传欧洲，引起英、荷、德、法等国园林设计者纷纷效仿。中国园林被誉为世界园林之母，是中国古代设计文化的杰出代表之一。

苏州艺圃内由池西廓内望水榭

苏州环秀山庄假山全貌

主要参考文献

傅熹年：《傅熹年建筑史论文集》，百花文艺出版社，2009年。
沈福煦：《中国建筑简史》，上海人民美术出版社，2007年。
刘敦桢主编：《中国古代建筑史（第二版）》，中国建筑工业出版社，1984年。
梁思成：《中国建筑史》，三联书店，2011年。
梁思成：《图像中国建筑史》，三联书店，2011年。
李允鉌：《华夏意匠：中国古典建筑设计原理分析》，天津大学出版社，2005年。
楼庆西：《中国园林》，五洲传播出版社，2003年。
陈从周：《梓翁说园》，北京出版社，2011年。
童寯：《江南园林志》，中国建筑工业出版社，2014年。
刘敦桢：《苏州古典园林》，中国建筑工业出版社，2005年。
汉宝德：《中国建筑文化讲座》，三联书店，2008年。
王伯扬主编：《中国历代艺术·建筑艺术编》，中国建筑工业出版社，1994年。

图书在版编目（CIP）数据

写给老师的中国建筑史 / 唐景行编著. -- 杭州:
浙江人民美术出版社，2016.3（2016.12重印）
ISBN 978-7-5340-4703-9

Ⅰ. ①写… Ⅱ. ①唐… Ⅲ. ①建筑史—中国 Ⅳ.
①TU-092

中国版本图书馆CIP数据核字（2015）第314887号

责任编辑：雷　芳　郭哲渊
责任校对：余雅汝
责任印制：陈柏荣

写给老师的中国建筑史
唐景行　编著

出版发行：浙江人民美术出版社
（杭州市体育场路347号）
网　　址：http://mss.zjcb.com
经　　销：全国各地新华书店
制　　版：杭州真凯文化艺术有限公司
印　　刷：浙江影天印业有限公司
版　　次：2016年3月第1版 · 第1次印刷
2016年12月第1版 · 第2次印刷
开　　本：880mm × 1230mm　1/32
印　　张：6.25
字　　数：134千字
书　　号：ISBN 978-7-5340-4703-9
定　　价：35.00元